Sophie Strodtbeck & Udo Gansloßer

Kastration und Verhalten beim Hund

Müller Rüschlikon

Einbandgestaltung: Kornelia Erlewein

Titelbild: Sophie Strodtbeck
Bilder auf der Umschlagrückseite und Seite 158: Foto Udo Gansloßer: Ulla Bergob; Foto Sophie Strodtbeck: Sarah Elstner, EL-Portrait

Bildnachweis:
Marco Barnebeck (Telemarco) / pixelio.de: S. 109; haak78 / ClipDealer: S. 17; Stein1 / pixelio.de: S. 6; Anita Stöwesand / pixelio.de: S. 30; Templermeister / pixelio.de: S. 29

Alle übrigen Fotos: Sophie Strodtbeck

Die Zeichnungen auf den Seiten 33–40 wurden von Andrea Rodewald erstellt.
Die Grafiken auf den Seiten 58, 100, 102 und 112 stammen von Jan Liebscher.

ISBN 978-3-275-01820-8

Postfach 103743, 70032 Stuttgart
Ein Unternehmen der Paul Pietsch Verlage GmbH & Co. KG
Lizenznehmer der Bucheli Verlags AG, Baarerstr. 43, CH-6304 Zug

3. Auflage 2016

Sie finden uns im Internet unter www.mueller-rueschlikon-verlag.de

Lektorat: Claudia König
Innengestaltung: Kerstin Diacont
Druck und Bindung: Graspo CZ, 76302 Zlin
Printed in Czech Republic

**Dieses Buch ist gewidmet Dr. Gabriele Niepel († 2008),
die als erste den Einfluss von Kastrationen
auf das Verhalten von Hunden hinterfragt hat.**

Vorwort von Dr. Gerd Möbius

Vorwort von Dr. Gerd Möbius

Die Kastration von Hunden, Hündinnen wie Rüden, ist eine in der Praxis sehr häufig durchgeführte Operation. Schaut man sich die Gründe für diesen schwerwiegenden Eingriff an, findet man neben der tatsächlich medizinischen Indikation auf Grund einer bestehenden Erkrankung (z. B. bei einer vereiterten Gebärmutter) den Wunsch, Verhaltensprobleme des Hundes nachhaltig zu lösen, möglichen zukünftigen Krankheiten vorzubeugen, die Fortpflanzung zu verhindern oder auch nur eine Haltungserleichterung zu erreichen (wie z. B. die Verhinderung der zweimal im Jahr auftretenden »lästigen« Läufigkeit der Hündin).

Dabei erlebt man unter Hundehaltern, -trainern und Tierärzten immer wieder eine teilweise sehr kontroverse Diskussion über Vor- und Nachteile, medizinische Notwendigkeit und mögliche Auswirkungen der Entfernung der Keimdrüsen im Rahmen der Kastration.

Der Gesetzgeber hat mit dem Tierschutzgesetz einen sehr engen Rahmen für die Durchführung der Kastration gesetzt. Mit der Zielstellung, die Unversehrtheit von Tieren zu schützen, werden alle Amputationen verboten, bis auf wenige und im Gesetz einzeln aufgeführte Ausnahmen. Für die Kastration sieht das Tierschutzgesetz drei Ausnahmeregelungen vor. Während die Kastration zur Therapie einer bereits bestehenden Erkrankung (auch als indizierte Maßnahme im Rahmen einer Verhaltenstherapie) rechtlich unstrittig ist, wird dagegen dieser Eingriff zur Prävention möglicher zukünftiger Krankheiten nicht abgedeckt. Weiterhin lässt das Gesetz die Unfruchtbarmachung zu, wenn sie »zur Verhinderung der unkontrollierten Fortpflanzung« sowie »zur weiteren Nutzung oder Haltung des Tieres« vorgenommen wird und keine tierärztlichen Bedenken entgegenstehen.

Die Entscheidung für oder gegen eine Kastration erfordert dabei eine Einzelfallprüfung über die Verhältnismäßigkeit des Eingriffes. Dabei müssen Vor- und Nachteile für das Tier und dessen Halter abgewogen werden.

Bei der Abwägung ist auch stets zu beachten, dass unter den möglichen die für das Tier am wenigsten schädliche Maßnahme ergriffen wird. Eine Durchtrennung der Samen- oder Eileiter verhindert die Fortpflanzung ebenfalls, führt aber nicht zu den eventuell negativen Auswirkungen auf den Hormonhaushalt. Die wichtigen Hormonproduzenten Ovar bzw. Hoden bleiben damit erhalten und können bei der hormonellen Steuerung wichtiger physiologischer Vorgänge und des Verhaltens weiterhin wirksam sein.

Bei der Einschätzung der Risiken bzw. Folgen durch eine Entfernung der Keimdrüsen wurde und wird oftmals nur über das unmittelbare Operationsrisiko sowie über mögliche gesundheitliche Folgeschäden diskutiert. Auswirkungen auf den Hormonhaushalt und damit auf das Verhalten des Tieres werden dagegen häufig ungenügend berücksichtigt oder bedingt durch die Komplexität auch falsch interpretiert bzw. prognostiziert.

Die Autoren zeigen in ihrem Buch eindrucksvoll, wie kompliziert sich das Wechselspiel von Hormonen und Neurotransmittern darstellt und welche mögliche, teilweise auch »verheerende« Wirkung das »Ausschalten« einer bestimmten Hormonquelle nach sich ziehen kann. Die Auswirkungen auf das Verhalten erfordern eine konkrete Analyse des Einzelfalls. Als sinnvoll und verantwortungsbewusst kann sich ein »chemischer Probelauf« erweisen, der die Folgen der Kastration auf das Verhalten verdeutlicht, aber gleichzeitig auch eine Wiederherstellung der Ausgangssituation ermöglicht.

Das Buch ist sowohl Hundehaltern, Hundetrainern, aber auch Verhaltenstherapeuten und Tierärzten zu empfehlen. Gerade die komplexen Wirkungsmechanismen der einzelnen Hormone sowie die möglichen Auswirkungen beim Eingriff in diese Regelkreise werden von den Autoren verständlich beschrieben und durch Beispiele verdeutlicht, so dass auch Nicht-Fachfrauen bzw. -männer einen tiefen Einblick in den Hormonhaushalt von Fähe und Rüde erhalten. Letztendlich wird deutlich, was für ein schwerwiegender Eingriff eine Kastration bei Hunden beiderlei Geschlechts darstellt und welche Folgen sie haben kann.

Die Kastration – als Ultima Ratio – sollte als Einzelfallentscheidung auf der Grundlage einer gründlichen Abwägung der Vor- und Nachteile und möglichen Auswirkungen sowohl unter medizinischen als auch Verhaltensgesichtspunkten erfolgen.

Interessant in diesem Zusammenhang sind die Antworten der Teilnehmer an der Bielefelder Kastrationsstudie von Niepel aus dem Jahr 2002 auf die Frage, ob sie ihren Hund wieder kastrieren lassen würden. 34 % antworteten mit nein; 47 % würden dies nur bei Vorliegen zwingender medizinischer Gründe oder bei gemeinsamer Haltung von Rüde und Hündin wiederholen. Lediglich 19 % sprachen sich uneingeschränkt für eine Kastration aus. Und diese hatten das Büchlein noch nicht gelesen …

Dr. Gerd Möbius, Institit für Tierschutz,
Tierhygiene und Öffentliches Veterinärwesen
der VetMedFakultät Leipzig

Leipzig, Juli 2011

Vorwuff

1

Vorwuff

Servus, ich bin's, der Herr Meier, der Beaglerüde der Autorin. Zum Glück bin ich wieder der Herr Meier, denn zwischendurch hat mein Frauchen es gewagt, mir den Kastrationschip einzusetzen, da war ich – schwuppdiwupp – nur noch der Mister M., der Meier ohne Eier. Aber die Zeiten sind vorbei und ich stehe als Eier-Meier wieder ganz meinen Rüden, überraschenderweise ohne gefrustet, gestresst oder gar aggressiv zu sein. Nachdem ich ja jetzt bei beiden Zuständen mitreden kann, Mr. M. und Herr Meier, möchte ich mich nun auch mal zum Dauerbrenner Kastration zu Wort melden.

Ich selbst bin ja, wie auch meine drei Mitbewohner (Günes, das türkische Dönertier, ihres Zeichens ein Canis autisticus, Andra die Beagledame und Piccolo, der Bonsai, ein Canis etepetetus, die Sie alle in diesem Buch noch näher kennen lernen werden) einer derer, die irgendwann zu viel wurden und damals mit einem halben Jahr aus fünfter Hand bei meinem Frauchen gelandet. Na ja, um ehrlich zu sein: Ich kann verstehen, dass mich damals keiner mehr haben wollte, ich war ein ekelhaft pubertierender, wahnsinnig anstrengender Schnösel. Aber, hey Leute, das lag an der Pubertät, den damit verbundenen Hormonschwankungen und dem jugendlichen Leichtsinn. Die Pubertät gehört nun mal zum Hund, da muss Mensch durch! Trotzdem wäre das für viele vermutlich ein triftiger Grund zur Kastration gewesen – chirurgisch herbeigeschnippelte leichtere Führigkeit garantiert. So wird es vielen immer wieder weisgemacht, und das ist gelinde gesagt Quatsch! Fast hat ja der Hundehalter inzwischen den Eindruck, dass er, wenn er seinen Hund bekommt, ihn erst mal bei der Steuer und Versicherung anmelden, und dann sofort als Nächstes einen Termin für die Kastration vereinbaren muss. Ob der Eingriff nötig oder gar sinnvoll ist, wird oft gar nicht hinterfragt. Dabei sollte doch erst einmal der Einzelfall bzw. das Einzelfell genau analysiert werden. Welches Verhalten verursacht (dem Menschen!) die Probleme? Wodurch wird es ausgelöst? Welche Hormone sind beteiligt? Sind es überhaupt die Sexualhormone? Gerade in meinem Fall wäre eine Kastration sicherlich kontraindiziert gewesen, denn wenn man mich in diesem infantilen Zustand »festgetackert« und mir die Möglichkeit zur weiteren Entwicklung und zum Erwachsenwerden genommen hätte, hätte mich mein Frauchen wahrscheinlich inzwischen meistbietend an ein Labor verkauft. Aber so hatte ich zum Glück die Chance, zu einem erwachsenen und sehr souveränen Rüden heranzuwachsen, sogar Leittierfähigkeiten habe ich inzwischen entwickelt, und trage deutlich zur Stabilisierung in unserer hündischen 4er-WG bei. In meiner Lebensqualität bin ich keineswegs eingeschränkt, ganz im Gegenteil: Ich genieße mein Beagleleben in vollen Zügen und auch Hündinnen in der Standhitze bringen mich nicht sonderlich aus der Ruhe. Aber auch ich bin eben ein Einzelfell. Erst vor kurzem war die hübsche Lady vom Foto zu Besuch, und wie auf den Bildern zu sehen ist, wollte sie unbedingt erst mit mir einen Kaffee trinken und danach zur weiteren gemeinsamen Abendplanung übergehen. Aber die Leckerchen der zur Hündin gehörenden Kinder waren mir wichtiger. Außerdem hat mein Frauchen ein deutliches »lass das!« losgelassen, da-

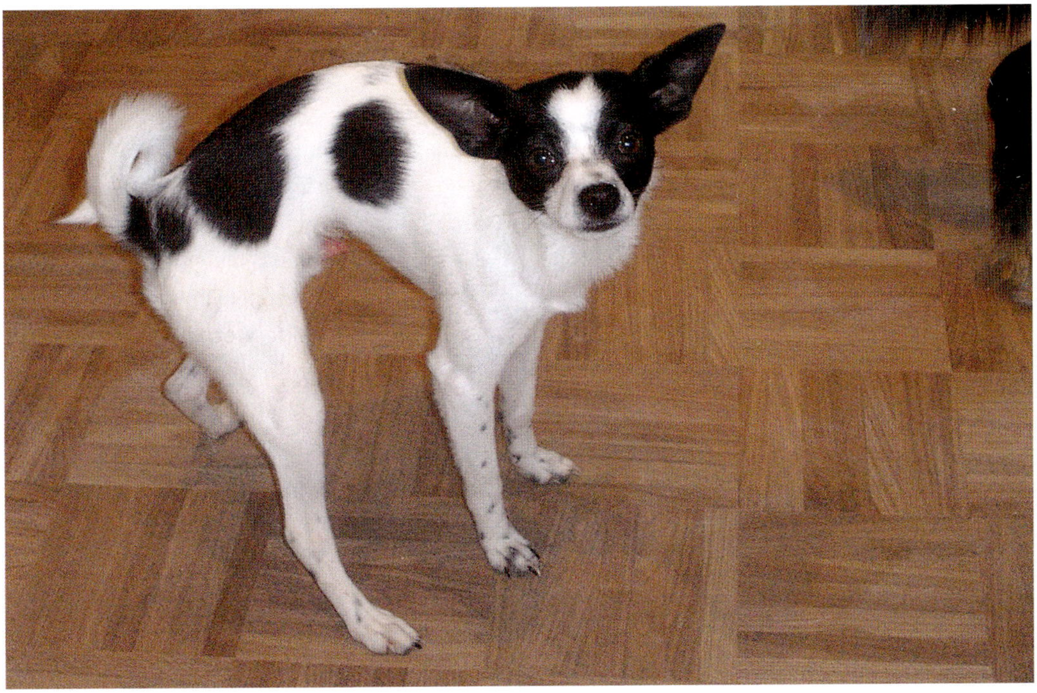

Bonsai Piccolo nach dem Besuch der hübschen Lady.

mit war die Sache gegessen und wir haben einfach nur nett miteinander gespielt, nachdem die Leckerchen verspeist waren – selbstverständlich in Sichtweite der Menschen! Und obwohl mein zweiter Name Testos Teron ist, hatte ich mit dieser Situation wesentlich weniger Probleme als mein kastrierter Kumpel Piccolo, der noch einen Tag später Herzchen in den Augen hatte. So unterschiedlich sind Hunde, egal ob kastriert oder intakt.

Oft wird ja auch in unserem Namen argumentiert, nämlich damit, dass wir ja eh nicht dürfen, und es dann besser sei, uns gleich zu kastrieren. Aber dazu sei gesagt, dass auch z.B. unter wildlebenden Caniden und Wölfen nur 20 % der Rüden das Privileg der Fortpflanzung genießen, bei den Hündinnen sind es ca. 30–40 %. Ist die Natur deshalb grausam? Ich finde nein! Auch habe ich meine wilden Artgenossen deswegen noch nie beim Psychologen auf der Couch gesehen.

Aber natürlich gibt es einige wenige wirklich hypersexuelle Rüden, denen man mit der Kastration einen Gefallen tut und tatsächlich Stress nimmt, da ist eben wieder die Einzelfallentscheidung gefragt. Nur: In den allermeisten Fällen hat das Aufreiten wenig mit Sexualität zu tun, sondern ist vielmehr Übersprungs- oder Spielverhalten. Und wenn es sexuell bedingt ist, hat man durch die Kastration trotzdem keine Garantie, dass es nicht mehr auftritt, denn häufig ist dieses sehr selbstbelohnende Verhalten bereits erlernt. Wer's nicht glaubt, schaue sich das Foto von meinem kastrierten Kumpel Piccolo an. Der alte Schwerenöter ...

Große Verlockungen ... Aber Leckerchen sind mir trotzdem wichtiger.

Leider wird besonders in Tierschutzkreisen aus dem verständlicherweise entstandenen Frust über die oft unkontrollierte Fortpflanzung vehement die Pauschalkastration gefordert. Eine Operation, die sich ohne medizinische Einzelfallentscheidung nicht mit dem deutschen Tierschutzgesetz in Einklang bringen lässt. Wenn ich mit meinem Kumpel Chili unterwegs bin, der ohne Rute aus Spanien kam, müssen wir uns ständig anhören, wie arm der Hund ist, weil er ja nicht mehr kommunizieren kann, aber darüber, dass eine Amputation der Geschlechtsorgane wesentlich fatalere Auswirkungen auf das Verhalten haben kann, und streng gesehen genauso gegen das Amputationsverbot verstößt, redet niemand. Was jetzt nicht heißt, dass ich meine prächtige Beaglerute nicht voller Stolz trage.

Auch hier gilt wieder, dass man sich auch im Tierschutz über Alternativen – wie es z.B. die Sterilisation darstellt – informieren sollte. Dazu gehört außerdem, dass man sich mit dem (Stress-) Hormonsystem der Tiere auseinandersetzt. Zudem sollte man wissen, dass gerade das Testosteron einer der wichtigsten Gegenspieler des Stresshormons Cortisol ist. Was ist also die logische Konsequenz der Wegnahme der Sexualhormone durch eine Kastration? Richtig, eine größere Stressanfälligkeit. Und Stress haben meine Kollegen bereits zur Genüge, die entweder im Tierheim landen und ihre Bezugspersonen und ihr Umfeld verloren haben, oder die aus einem völlig anderen Lebensraum, auf den sie geprägt wurden, zwangsexportiert wurden.

Und wenn ich jetzt noch ganz böse wuffen darf, stelle ich die Behauptung auf, dass sehr oft aus reiner Bequemlichkeit kastriert wird. Entweder um Verhaltensproblemen vorzubeugen, oder aber einfach, weil es manchmal anstrengend ist, die oben beschriebene Pubertät gemeinsam durchzustehen, oder z. B. mit einer läufigen Hündin unterwegs zu sein – von den roten Flecken auf dem weißen Teppichboden gar nicht zu reden. Als »intakter«[1] Rüde mache ich dafür nette grüne Vorhaut-Katarrh-Flecken. Aber die Vorhaut wegzuschneiden wäre »Pet-Design«, und bei dem Wort läuft es mir kalt meinen Beaglerücken runter. Außerdem würde ich das als Beagle – wie alles andere auch – ganz pragmatisch sehen: besser man kauft sich einen dunklen Teppich als einen hellen und passt zweimal im Jahr auf, was sowieso die Pflicht eines Hundehalters ist. Denn ob sich der Hund auf die Suche nach Liebe oder auf die Suche nach einem Hasen macht spielt keine Rolle, wenn er dabei vor einen vollbesetzten Schulbus rennt!

Jetzt bin ich auch mal pauschal: Abzulehnen sind aus meiner Sicht Frühkastrationen (außer es besteht eine medizinische Notwendigkeit), sowie sämtliche pauschale und nicht individuell begründete Kastrationsentscheidungen. Diese haben weder im Tierschutz noch für das »Pet-Design« eine Legitimation und widersprechen dem Tierschutzgesetz! Ebenso wie Kastrationen aus prophylaktischen Gründen, dazu gehört außerdem die vermeintliche Wegnahme von Stress. Auch mein Frauchen leidet manchmal unter dem Prämenstruellen Syndrom, und ich kann ein Lied davon singen, dass sie dann sehr leicht reizbar ist ... Aber auf die Idee, sie deswegen – und um ihr Leid zu ersparen – kastrieren zu lassen, bin ich noch nie gekommen. Und wo wir gerade dabei sind: Hat sich schon mal jemand überlegt, warum bei Frauen nach einer Total-OP von medizinischen, psychologischen bis zu sonstigen alle Register gezogen werden, sich aber bei einer Hündin keiner Gedanken um die Auswirkungen und die Nachsorge macht? Und hier machen es sich eben viele leider zu einfach.

Als Resümee zu der ganzen Kastrationsdiskussion, die Hundehalter ja fast genauso in Wallung bringt wie die Barf- oder Impfdiskussion, oder wie ein Hase einen Beagle sei gesagt, dass man sich in jedem Falle als Hundehalter informieren (als Hund nutzt es einem ja nicht viel informiert zu sein ...) und daraufhin eine individuelle und hoffentlich richtige Entscheidung treffen sollte. In einigen Fällen kann die Kastration ja wirklich eine Verbesserung für alle Beteiligten bringen. In anderen aber eben auch eine Verschlechterung, aber dann ist es zu spät, denn die chirurgische Kastration ist irreversibel.

Ich wünsche Ihnen viel Spaß beim Lesen dieses Buches und viele neue Erkenntnisse und hoffentlich auch Entscheidungshilfen!

Glückliche, stressfreie und intakte Grüße,

Ihr Herr Meier

---

[1] In der Tiermedizin spricht man von intakt bei unkastrierten Hunden.

Gesetze, Statistik und Hormone

2

Gesetze, Statistik und Hormone

Die gesetzlichen Grundlagen

Die Kastration eines Tieres, egal aus welchem Grund, stellt immer das Entfernen eines Organes dar. Deshalb ist der Paragraph sechs des Tierschutzgesetzes in jedem Falle zu berücksichtigen.

§ 6
(1) Verboten ist das vollständige oder teilweise Amputieren von Körperteilen oder das vollständige oder teilweise Entnehmen oder Zerstören von Organen oder Geweben eines Wirbeltieres. Das Verbot gilt nicht, wenn

1. der Eingriff im Einzelfall
a) nach tierärztlicher Indikation geboten ist oder
b) bei jagdlich zu führenden Hunden für die vorgesehene Nutzung des Tieres unerlässlich ist und tierärztliche Bedenken nicht entgegenstehen. (Anmerkung der Autoren: Das bezieht sich auf das Kupieren, nicht auf die Kastrationen.)

5. Zur Verhinderung der unkontrollierten Fortpflanzung oder – soweit tierärztliche Bedenken nicht entgegenstehen – zur weiteren Nutzung oder Haltung des Tieres eine Unfruchtbarmachung vorgenommen wird.

Vorbeugen ist besser?

Dieser Paragraph aus dem Tierschutzgesetz sagt eindeutig, dass es nur ganz wenige Gründe gibt, weshalb einem Tier ein Organ entnommen werden darf. Einer davon ist die konkrete tierärztliche Indikation, das heißt, wenn ein Organ erkrankt ist, das nicht lebenswichtig ist. Hierbei muss es sich jedoch, wie in neueren Kommentaren und Urteilen immer wieder festgestellt wurde, um eine eindeutige Erkrankung dieses Organs handeln. Eine allgemeine Vorbeugung, nach dem Motto: »Wenn wir das Organ vorher entfernt haben, kann es hinterher nicht mehr erkranken«, reicht keinesfalls aus. Auch dazu gibt es, wie beispielsweise Möbius 2009 dargelegt hat, eindeutige Rechtskommentare und andere juristische Stellungnahmen.

Ein weiterer Ausnahmegrund wäre die Verhinderung unerwünschter Fortpflanzung. Jedoch sind sich die einschlägigen Rechtskommentare hier einig, dass bei einem in geordneten Familienverhältnissen gehaltenen Haushund andere Möglichkeiten ausreichend sein sollten, nämlich ein vorbeugendes Verhaltensmanagement. Oder, wie der österreichische Kollege, Verhaltensbiologe Kurt Kotrschal, einmal so schön gesagt hat: »Wer mit der Sexualität seines Hundes nicht klarkommt, soll sich keinen halten.« Letztlich ist es ja auch egal, ob ein Hund ausbüchst, weil er sexuell übermotiviert ist, ob er ausbüchst, weil er jagdlich übermotiviert ist oder ob er ausbüchst, um die Komposthaufen der Nachbarschaft zu inspizieren. Wenn er dabei Schaden anrichtet, haftet immer der Halter.

Zudem gilt stets das Rechtsprinzip des sogenannten minimalst invasiven Eingriffes. Das ist nicht nur im Tierschutz so. Und da zumindest beim Rüden die Sterilisation als kleinerer Eingriff im Vergleich zur Kastration gilt, wäre zur Fortpflanzungsverhütung also diese Maßnahme eindeutig und auch aus juristischer Sicht vorzuziehen.

Kastration statt Erziehung?

Genauso wenig deckt, wie auch beispielsweise Dr. Gerd Möbius und andere darlegen, das Gesetz eine vorbeugende Kastration zur leichteren Erziehbarkeit und Führbarkeit des Hundes. Insbesondere bei Rüden, bei denen die meisten Kastrationen aus Halter- und Verhaltensgründen erfolgen, ist dies zu beachten. Einen Rüden vorbeugend zu kastrieren, um ihn dadurch leichter führbar und erziehbar zu machen, ist gesetzlich (zum Glück) nicht gedeckt.

Dies gilt insbesondere auch für Pauschal-Kastrationspraktiken, wie sie etwa im sogenannten Tierschutz immer wieder vorgenommen werden. Nicht nur die hormonelle Situation dieser Hunde spricht eindeutig gegen diese Praxis, auch das Tierschutzgesetz selbst ist hier eindeutig anderer Meinung. Und letzten Endes ist unserer Ansicht nach bei solchen Hunden oftmals sogar der § 2, nämlich das Zufügen von unnötigen Schäden, Schmerzen und Leiden, genauso betroffen wie das Amputationsverbot in § 6. Aus eben diesem Grund sind auch Übernahmeverträge von Tierheimen ungesetzlich, die eine verpflichtende Kastration durch den neuen Halter nach Übernahme zum Inhalt haben, dazu gibt es Gerichtsurteile. Sie verstoßen gegen die guten Sitten und sind nicht nur nichtig, sondern nicht existent. Unser Ratschlag ist daher eindeutig: solche Verträge sag- und klaglos unterschreiben, um den Hund überhaupt zu bekommen, und sie dann hinterher missachten, da sie gegen geltendes Recht verstoßen. Den Tierheimen, die Hunde ohne Einzelfallentscheidung pauschal nur kastriert abgeben, sollte man unserer Meinung nach den Amtstierarzt auf die Matte schicken.

Auch die Bundestierärztekammer hat sich eindeutig in verschiedenen Publikationen des Deutschen Tierärzteblatts dergestalt geäußert, dass Pauschalkastrationen nur auf Halterwunsch und ohne medizinische Indikation oder verhaltenstherapeutische Einzelfallbetrachtung nicht vom Gesetz gedeckt sind. Und es soll durchaus schon Amtstierärzte geben, die trotz aller Überlastung und Überforderung durch ihre vielen anderen Pflichten auch diesen Punkt des Tierschutzgesetzes überprüfen und Verstößen nachgehen.

Einzelfall ist wichtig!

Hier ist festzuhalten, dass es die Pflicht eines jeden Tierarztes, Therapeuten und Halters ist, sich zunächst im Einzelfall zu informieren, ob das bei diesem Hund konkret bestehende Problem wirklich durch eine Kastration verbessert werden kann. Ist dies nach derzeitigem Wissensstand der Fall, ist die Kastration auch sinnvoll. Ist dies nach derzeitigem Wissensstand (und da gehört die Verhaltensbiologie zwingend dazu!) nicht der Fall, kann und sollte beim Rüden durch die chemische Probekastration noch eine weitere Überprüfung erfolgen. (Demnächst wird es dieses Verfahren auch bei der Hündin geben.) Ohne Einzelfallentscheidung das Messer zu wetzen, um alle möglicherweise in der Zukunft entstehenden Probleme »wegzuschneiden« wäre genauso, wie dem Jagdhund zwei Beine abzuhacken, damit er dem Hasen nicht mehr hinterherlaufen kann. Vielleicht etwas krass ausgedrückt, aber unserer Meinung nach auf den Punkt gebracht. Niemand käme auf diese Idee. Und niemand käme auf die Idee, einem Hund die Milz prophylaktisch entfernen zu lassen, damit kein Milztumor entsteht.

Eine Gruppe Straßenhunde.

Oder sich selber den Blinddarm entnehmen zu lassen, weil er sich eines Tages entzünden könnte. Obwohl doch ein erwachsener Hund auch ohne Milz und der Mensch ohne Blinddarm auskämen.

Nachdem wir nun gesehen haben, wie das Tierschutzgesetz die Dinge sieht, ist es interessant zu betrachten, aus welchen Gründen Hunde eigentlich kastriert werden.

Statistik

Die im Jahr 2008 verstorbene Erziehungswissenschaftlerin und Hundeexpertin Dr. Gabriele Niepel hat in einer groß angelegten Fragebogenaktion die Gründe für die Kastration von Hunden zusammengetragen (Bielefelder Kastrationsstudie).

Mit insgesamt 1010 auswertbaren Fragebögen konnte sie einer Reihe von Aspekten auf die Spur kommen. Zur Einschränkung muss gesagt werden, dass es sich bei den Fragebogen um eine Selbsteinschätzung der Hundehalter handelt (90 % Hundehalterinnen), was bei der Darstellung der Gründe für die Kastration absolut unproblematisch war, wie G. Niepel selbst angab. Bei den Kastrationsfolgen müssen manche Aussagen sicher als subjektiv gewertet werden. Jedoch decken sich die Ergebnisse ihrer Studie in derartig auffallender Weise mit dem, was man aus hormonphysiologischer Sicht erwarten würde, dass wir hier eine große Aussagekraft annehmen.

Die Hündinnen

Die Studie zeigt beispielsweise, dass 20 % aller Hündinnen bereits vor der ersten Läufigkeit kastriert wurden, also vor dem Eintritt der Geschlechtsreife. 47 % wurden im Abstand von weniger als neun Wochen von der Standhitze kastriert. 38 % aller Hündinnen wurden bereits vor dem Alter von einem Jahr kastriert, aber nur 25 % der Rüden betraf diese Frühkastration. 56 % aller Rüden wurden vor dem Ende des zweiten Lebensjahres kastriert, 70 % aller Hündinnen betraf dieses immer noch sehr frühe Alter. Die meisten Hündinnen, nämlich 32 %, wurden im Alter zwischen sechs und zwölf Monaten kastriert, die meisten Rüden, nämlich 28 %, im Alter zwischen drei und acht Jahren.

Wertet man die Statistik weiter aus, so werden bei Hündinnen 81 % aus medizinischen Gründen, 64 % aus Haltergründen und nur 14 % vordergründig aus Verhaltensgründen kastriert. Bei den aus medizinischen Gründen kastrierten Hündinnen wird dann überwiegend das vorbeugende Vermeiden von Gesäugetumoren angegeben, jedoch wurden auch durchaus Befürchtungen hinsichtlich möglicher Unannehmlichkeiten während der Läufigkeit geäußert. Dass die beiden genannten Gründe nicht gesetzeskonform sind, wurde oben bereits erläutert.

Hündinnen aller Altersgruppen werden laut Niepel zu 80 % aus medizinischen Gründen kastriert. Hündinnen zwischen 12 und 36 Monaten werden etwas häufiger aus Verhaltensgründen kastriert als Hündinnen anderer Altersgruppen, jedoch spielt das Verhalten bei der Kastrationsentscheidung der Hündin trotzdem eine eher nebensächlichere Rolle.

Eine Kastration aus Haltergründen gaben bei den Welpenbesitzern 82 % an, bei den Seniorinnen-Besitzern nur noch 18 %.

Die Rüden

Wie sieht es nun beim Rüden aus? Hier werden nur 21 % medizinische Überlegungen angeführt, 30 % Haltergründe und 74 % Verhaltensgründe. Betrachtet man die sogenannten Haltergründe, so sind davon dreiviertel kastriert, weil ein Rüde und eine Hündin gemeinsam im Haushalt leben. Hier wäre aber, wie wir sehen werden, die Sterilisation eine mögliche Lösung. 17 % der Kastrationen aus Haltergründen wurden in der Hoffnung auf einen entspannteren Spaziergang durchgeführt, 13 % weil noch ein weiterer Rüde im gleichen Haushalt lebt.

Bei den Verhaltensproblemen werden 43 % wegen angeblicher Hypersexualität angeführt, 41 % wünschen sich einen ruhigeren Hund, weitere 41 % erhoffen sich, dass der Rüde sich weniger aggressiv gegen andere Rüden verhält, 17 % der Rüden sollten wegen allgemeiner Aggressivität kastriert werden, 13 % wegen Aggression gegen fremde Menschen und 10 % wegen Aggression gegen den Besitzer. Etwa 25 % der Rüden werden kastriert, weil man hofft, dass der Hund dann besser erziehbar wird.

Betrachtet man die Altersklassen, so werden 64 % aller Rüden unter sechs Monaten aufgrund ihres Verhaltens kastriert. Bei den 18–24 Monate alten liegt die Zahl bei 92 %, bei 24–36 Monate alten bei 80 % und bei den über Dreijährigen bei 67 %. Die medizinische Indikation spielt bei Rüden eine sehr viel geringere Rolle, nur bei den Senioren werden 80 % aus medizinischer Sicht kastriert.

Neben der Bielefelder Studie gibt es noch andere Untersuchungen über Kastrationsursachen und Kastrationsfolgen. So wurde in einer Umfrage

Eine Kastration kann Aggressionsprobleme durchaus verschärfen, hier ist eine genaue Analyse notwendig.

unter Tiermedizinern (Mertens und Unshelm 1997) von insgesamt nahezu 13000 Hunden (über 5000 Rüden nahmen teil) 24 % medizinische Indikationen, 69 % Verhaltensprobleme und 5 % Verhinderung der Fortpflanzung angegeben, Haltungserleichterung trat hier überhaupt nicht auf. Bei über 7700 Hündinnen dagegen 10 % konkrete medizinische Indikationen, 31 % Krankheitsprophylaxe, 2 % Verhaltensprobleme, 14 % Fortpflanzungsverhinderung und 43 % Haltungserleichterung.

Etwas mehr auf die Folgen der Kastration geht beispielsweise eine amerikanische Untersuchung ein, die von Hart und Eckstein (1997) veröffentlicht wurde. Hier wurden bei kastrierten Rüden 50–60 % der Fälle von Urinmarkieren, Aufreiten und Aggressionsverhalten reduziert, bei 90 % das Streunen. Hingegen wurde bei keinem Hund, der aus territorialer Aggression oder Angstaggression kastriert wurde, eine Verbesserung seines Verhaltens erzielt. In einer Stichprobe aus sieben Rüden, die wegen »aggressiver Dominanz« gegenüber dem Halter kastriert wurden, haben sich nur zwei danach angeblich in ihrem Verhalten geändert. Die Daten von Hart zeigen außerdem deutlich, dass später im Leben kastrierte Hunde das genannte Verhalten nicht eher beibehalten als früher kastrierte. Gerade die kleine Gruppe der wegen angeblicher Dominanz gegenüber dem Halter kastrierten Hunde zeigt dies am besten: Die beiden Rüden, bei denen sich das Verhalten nach der Kastration gebessert hatte, hatten dieses Verhalten bereits seit fünf bzw. sechs Jahren gezeigt. Die fünf Hunde, die nicht reagierten, zeigten es davor über zwei und fünf Jahre, mit einem Median von drei Jahren.

Insgesamt zeigt der Vergleich zwischen Hunden und Katzen in der Arbeit von Hart und Eckstein, dass sich weniger Hunde als Katzen nach der Kastration verhaltensbiologisch »bessern«. Auch Hart führt bereits an, dass sogar Sexualverhalten nach der Kastration unverändert weiter bestehen kann. Bemerkenswert ist außerdem, was Hart und Eckstein nochmals darlegen, dass auch eine Kastration vor der Pubertät keine besseren oder nachhaltigeren Effekte, zumindest statistisch betrachtet, auf das Verhalten hat, als eine Kastration zu einem späteren Zeitpunkt.

Zudem zeigen beispielsweise andere Zusammenstellungen, die von verschiedenen Autoren veröffentlicht wurden, dass bei Hündinnen die Ressourcenaggression und die sogenannte Dominanzaggression nach der Kastration zunimmt. Bisweilen betrifft diese Zunahme bis zu 60 %.

Und zum Schluss noch ein paar Vorurteile

Häufig wird ja auch angeführt, dass bei Hunden in der Zivilisationsgesellschaft nur übermäßiger Stress entstehen würde, weil sie ja permanent wollten und nie durften. Diese Einstellung, die letztlich aus unserem eigenen äffischen Verständnis von Sexualität entsteht, ist bei Hunden allerdings völlig daneben. Untersuchungen an wildlebenden Caniden, seien es Wölfe, Wildhunde oder eben auch verwilderte Haushunde aus verschiedenen Ecken der Erde zeigen deutlich, dass in einem Rudel durchschnittlich fünf Rüden und zwei bis drei Hündinnen leben. Von diesen fünf Rüden darf normalerweise nur der Ranghöchste, bestenfalls ab und zu der Stellvertreter irgendwann einmal decken. Circa 70 % aller Rüden sind daher in ihrem ganzen Leben nie an einer sexuellen Handlung höherer Intensität als nur Beschnuppern und Analkontrolle beteiligt. Und auch bei Hündinnen ist es, je nach Ressourcenlage, durchaus üblich, dass nur eine, maximal vielleicht auch mal zwei pro Jahr Nachwuchs bekommen. Auch das liegt nicht daran, dass die anderen nicht wollen, sondern dass sie nicht zum Zug kommen. Es ist also völlig falsch anzunehmen, dass es unnatürlich wäre, was hier passiert bzw. nicht passiert. Und auch das häufig angeführte Argument, man könne Hündinnen ruhig kastrieren, da sie ohnehin den größten Teil des Jahres keine Sexualhormone hätten, ist nicht zutreffend. Man muss sich nur die Referenz-Labor-Ausdrucke der Sexualhormonkonzentrationen bei Hündinnen anschauen. Egal, mit welchem Labor man zuammenarbeitet, immer ist selbst im Zustand des sogenannten Anöstrus bei intakten Hündinnen der Östrogenwert fünfmal so hoch wie bei kastrierten das ganze Jahr. Es kann also keine Rede davon sein, dass den Hündinnen die Sexualhormone sowieso den größten Teil des Jahres fehlen.

Das Fazit ist also eindeutig: Gesetz, Statistik und Hormone sprechen gleichermaßen für die differenzierte Einzelfallentscheidung und gegen die pauschale vorbeugende Kastration.

Kein Häuptling ohne Indianer – die Sache mit der Dominanz

3

Kein Häuptling ohne Indianer – die Sache mit der Dominanz

Wie die Befragung der Hundehalter im Rahmen der »Bielefelder Kastrationsstudie« (Niepel, 2007) ergab, stellt unerwünschtes Verhalten den häufigsten Grund für eine Kastration dar (74 %), in den meisten Fällen ist vom »dominanten Hund« die Rede. Darum soll in diesem Kapitel geklärt werden, was man in der Verhaltensbiologie unter diesem Begriff versteht.

Wo kommt Dominanz her und was versteht man in der Verhaltensbiologie unter diesem Begriff?

Die überwiegende Mehrzahl der verhaltensbiologischen Fachartikel ist sich darüber einig, dass Dominanz keine Eigenschaft ist. Es handelt sich vielmehr bei ihr um eine Beziehung, also um ein komplexes Zusammenspiel des Verhaltens von mindestens zwei beteiligten Tieren. Eine Dominanzbeziehung liegt dann vor, wenn einer der beiden Beteiligten regelmäßig und vorhersagbar seine Interessen gegen den anderen durchsetzen kann, ohne dafür direkt körperliche Gewalt anwenden zu müssen. Die Dominanzbeziehung wird also durch die Anerkennung seitens des Dominierten, Rangtieferen bestätigt und gefestigt. Der Ranghöhere kann zwar entscheiden, wann er die Privilegien einfordern und seine Dominanzansprüche durchsetzen möchte, er kann aber auch darauf verzichten, wie wir später noch sehen werden. Aber der Rangtiefere ist trotzdem derjenige, der die Ansprüche anerkennen muss und durch sein Verhalten die Dominanzbeziehung dann erst möglich macht. Ohne anerkennende Indianer also keine Häuptlinge.

Wie jede soziale Beziehung wird auch eine Dominanzbeziehung durch eine langwierige Aufsummierung von Verhaltensweisen über Raum und Zeit zwischen den beteiligten Tieren festgestellt. Dominanzbeziehungen sind bei den meisten Tierarten historisch gewachsen und individuell, das bedeutet, dass es nur nach einer entsprechenden gemeinsamen Vorgeschichte und Vorerfahrung der beiden zu einer Dominanzbeziehung kommen kann. Und letztendlich sind Dominanzbeziehungen auch abhängig von einer ganzen Reihe von Randfaktoren. Die Summe aller Dominanzbeziehungen einer Gruppe kann (muss aber nicht) eine Rangordnung ergeben. Von Rangordnung spricht man dann, wenn fast alle Tiere der Gruppe unter oder über den jeweils nächsten in Form einer klaren Reihung angeordnet werden können. Also A dominiert über B, B dominiert über C, C dominiert über D usw. Hier spricht man von einer linearen Rangordnung. Kreise und Zirkelschlüsse, also A dominiert B, B dominiert C, C dominiert über D und D dominiert über B usw. sind ebenfalls möglich. Außerdem gibt es noch andere Sozialsysteme, etwa despotische Systeme, bei denen einer über alle anderen dominiert, oder Systeme, wie etwa in der militärischen Hierarchie, bei denen nur die Dienstgrade übereinander dominieren, die Mannschaften oder Angehörige des gleichen Dienstgrades jedoch auf gleicher Stufe zueinander stehen. Um eine Rangordnung zu bestimmen und die Dominanzposition der einzelnen Mitglieder dieser Gruppe zu errechnen, bedarf es neben der längeren Beobachtung meistens einiger komplizierte-

Ein deutliches Abbruchsignal wie der Schnauzbiss lässt auch unter zwei intakten Rüden keinen Raum für Diskussionen.

rer Formeln. Die meisten dieser Berechnungsverfahren aber haben eines gemeinsam: Sie setzen die Zahl der begonnenen, die Zahl der gewonnenen und derjenigen Auseinandersetzungen, in die das Tier überhaupt verwickelt war, zueinander in Bezug. Und bei nahezu all diesen Berechnungsverfahren kommt am Ende derjenige als Chef heraus, der nie eine Auseinandersetzung beginnt, aber jede gewinnt, in die er von jemand anderem verwickelt wurde. Und genau hier liegt die zweite Fehleinschätzung der oben genannten »dominanten« Hunde. Häufig handelt es sich nämlich um kleine Stänkerer. Im günstigsten Falle könnten sie etwa auf der mittleren Rangposition rechnerisch landen, wenn sie tatsächlich viele der von ihnen selbst vom Zaun gebrochenen Auseinandersetzungen auch gewinnen. Viel häufiger jedoch würden sie diese Auseinandersetzung verlieren, wenn sie nicht vom Halter/von der Halterin gerettet oder anderweitig aus der Situation herausgeführt würden, und dann wären sie ganz unten auf der Rangordnung. Dominanz hat auch nichts mit Aggression zu tun. Das genannte Beispiel zeigt das Gegenteil: Wer wirklich dominant über andere ist, kann ohne jegliche Aggression seine Interessen durchsetzen, der hat Gewalt nämlich nicht nötig. Wer aggressiv werden muss, und womöglich sogar unritualisiert aggressiv mit körperlicher Gewalt agieren muss, ist eben nicht unangefochten dominant. Dominant dagegen wäre ein Hund, der es gar nicht nötig hat, aggressiv zu agieren. Er kam, sah und bekam (was auch immer er wollte) – das ist die Charakteristik eines wirklich ranghohen Tieres, das über viele andere dominiert.

Dominanz und Ressourcen?

Apropos »er bekam, was er wollte«: Gerade der Zugang zum Futter und anderen lebenswichtigen Nahrungsressourcen ist bei Hundeartigen nachgewiesenermaßen nicht an die Rangposition gekoppelt. Eine Vielzahl von Studien an Wölfen, verwilderten Haushunden und auch in Familien lebenden Hunden zeigt immer wieder, dass beim Futter eine ganze andere Beziehung gilt: Wer am lautesten und glaubwürdigsten »ich habe Hunger« schreit (im Zweifelsfall der Beagle!), der bekommt dann auch das Futter. Mit diesem sogenannten motivations-/bedarfsabhängigen System ist es einem Wolfsrudel, einer Gruppe von Döner fressenden Müllkippenhunden oder auch einem Rudel afrikanischer Wildhunde jederzeit möglich, schnell und ohne große Diskussion über Rangpositionen eine vorhandene Nahrungsquelle zu nutzen. Und zwar so schnell, dass die Konkurrenz, sei es die aus dem Nachbarrevier oder auch aus einer größeren und stärkeren Art entstammend, keine Chancen hat. Gerade deswegen ist es ein weit verbreitetes, immer wieder gern zitiertes und oftmals fehl interpretiertes Missverständnis, wenn man Hundehaltern beispielsweise erzählt: »Bevor du deinen Hund fütterst, musst du unbedingt erst selber einen Keks essen, sonst wird der dominant.« Oder: »Du darfst deinem Hund nie von dem abgeben, was du selbst gerade isst. Sonst wird deine Rangposition in Frage gestellt.« Diese und andere Aussagen beruhen auf einem Verständnis von Dominanzpositionen, wie es für unsere »äffische Verwandtschaft« üblich ist. Dort darf sich in der Regel der Ranghohe jederzeit am Futter des Rangtieferen bedienen. Puuh, man darf also als

Bild unten und Seite 25: Bewegungseinschränkung ist ein Zeichen formaler Dominanz.

Hundehalter die Meute weiterhin dann füttern, wenn es einem in den Kram passt, und muss nicht darauf warten, dass man selbst fertig gegessen hat. Glück gehabt! Bei Hundeartigen, deren Rudel- und Familienstrukturen vielmehr auf Kooperation bei der Nahrungssuche und beim Nahrungserwerb angelegt sind, wäre eine solche Vorgehensweise auch wenig produktiv. Ein ranghoher Wolf, der sich zwar selbst am toten Hirsch den Bauch vollgeschlagen hat, jedoch nur ein Rudel hungriger und dementsprechend geschwächter Mitstreiter hinter sich wüsste, könnte weder gegen das stärkere Nachbarrudel, noch gegen den Tiger, den Braunbären oder andere überlegene Konkurrenzarten bestehen. Auch die meisten erfahrenen Hundetrainer bestätigen, dass es kaum Hunde gibt, die wirklich die Absicht haben, über den Menschen zu dominieren. Die Einschätzungen schwanken hier zwischen 0 und 5 % aller ihnen bekannten Hunde.

Situative und formale Dominanz

Die Probleme im Umgang zwischen Hund und Mensch bestehen nicht aus dem Rangordnungsbestreben des Hundes. Sie entstehen aus zwei ganz anderen Situationen, die wir uns im Folgenden genauer anschauen wollen: zum einen aus der sogenannten situativen Dominanz, zum anderen aus der Verwechslung zwischen Dominanz und Anführerschaft. Beide Konzepte werden nicht nur bei Affen und anderen Säugetierarten, sondern eben auch bei Hunden, Wölfen und ihren Verwandten zunehmend in der wissenschaftlichen Diskussion verwendet. Auch wenn es sehr kompliziert und wissenschaftlich klingt, die Unterscheidung zwischen der sogenannten formalen und der situativen Dominanz ist für den Hundehalter durchaus wichtig.

Die Begriffsunterscheidung geht ursprünglich auf eine sehr erfolgreiche und renommierte Arbeitsgruppe holländischer Verhaltensbiologen zurück, die an der Universität Utrecht geforscht haben. Das Konzept der formalen und situativen Dominanz wurde zunächst von dem Primatenforscher Frans de Waal aufgestellt. Nach einer Reihe von Studien an Affen und Menschenaffen hat ein anderer holländischer Mitarbeiter der Arbeitsgruppe, Joep Wensink, dieses Konzept auf das Wolfsrudel des Zoos in Anheim übertragen. Die wichtigsten Aussagen seiner Studie waren, dass nur wenige Körperhaltungen über Jahre und Monate hinweg die langzeitstabile Rangordnung widerspiegeln. Der in dieser Langzeit-Rangordnung Dominante zeigt eine aufrechte Körperhaltung mit gestreckten Gelenken und einer eher erhobenen Kopf- und Schwanzhaltung. Der Unterlegene in der Langzeit-Dominanzbeziehung zeigt die sogenannte Low-Posture mit eher eingeknickten Gelenken, gesenktem Kopf und hängendem Schwanz. Alle anderen, auch die als typisch Dominanz anzeigend beschriebenen Verhaltensweisen von Kopfauflegen, Scheinattacken, über Pfotenauflegen bis zum Schnauzbiss sind eher der sogenannten situativen Kurzzeitdominanz zuzuordnen. Und genau um diese Verhaltensweisen geht es hauptsächlich. Denn die situative Dominanz ist nicht gekoppelt an die Langzeitrangordnung, sondern teilt dem Gegenüber lediglich mit, dass man sich in der jetzigen momentanen Situation gerne mit irgendetwas durchsetzen möchte. Das kann der Zugang zum Futter oder zu einem Ruheplatz oder auch ein Abbruchsignal sein, nach dem Motto »Hör auf, du nervst«, oder auch schlichtweg eine Vergrößerung der Individualdistanz, die man gerade gerne hätte.

All diese Situationen sind nicht nur vom Ranghöheren zum Rangtieferen zu beobachten. Die Verhaltensweisen der situativen Dominanz werden durchaus auch häufiger vom Rangtieferen der Langzeitrangordnung ausgehend nach oben gezeigt und vom Ranghöheren auch beachtet. Und genau hier liegt der wichtigste Punkt für das Verständnis unseres Haushundes. Wenn uns unser Hund mit einem Verhalten der situativen Dominanz mitteilt, dass ihm irgendetwas, was wir gerade tun, nicht gefällt, haben wir trotzdem keinen Anlass daran zu zweifeln, dass er uns nicht als Chef anerkennt.

Insbesondere die sogenannten Abbruchsignale sind hier speziell hervorzuheben. Abbruchsignale sind Verhaltensweisen, die immer dann situativ eingesetzt werden, wenn ein Hund oder Wolf möchte, dass ein anderer mit irgendetwas aufhört, was er gerade tut. Dazu gehören Fixieren, Nase rümpfen, Knurren, ggf. auch Scheinattacken oder Kopf vorstoßen oder auflegen, bis hin zum Anrempeln oder Pfote auflegen. In mehreren Untersuchungen von Diplomandinnen der Biologie verschiedener deutscher Universitäten wurde gezeigt, dass diese Abbruchsignale sowohl bei Wölfen, wie auch bei Hunden sowohl von oben nach unten als auch von unten nach oben gezeigt und befolgt werden können. Bemerkenswert ist hierbei, dass in einer Studie von Marie Fengler (Universität Bonn) der von Hundehaltern so oft angewendete und missbrauchte Schnauzengriff nur selten unter den Hunden und Wölfen vorkam, dass sie ihn statistisch gar nicht auswerten konnte.

Eine weitere wichtige Erkenntnis aus diesen Studien über die Anwendung situativer Dominanz und von Abbruchsignalen ist die, dass Hunde und Wölfe, die in dieser Weise einander gestoppt und unterbunden haben, keineswegs hinterher beleidigt oder sauer sind. In den meisten Fällen lässt sich sogar ein Weiterspielen und Weitermachen nahezu ohne Unterbrechung beobachten, bzw. man rückt wieder mindestens genauso nah zusammen wie vorher. Auch stressanzeigende Verhaltensweisen nach einer solchen Stoppaktion sind kaum zu beobachten. Hier muss man also als Mensch nicht die Angst haben, das Vertrauen des Hundes aufs Spiel zu setzen, wenn man Abbruchsignale anwendet – solange sie der Situation angemessen und klar kommuniziert sind!

Dominanzbeziehungen, insbesondere die Beziehungen der formalen Langzeitdominanz, sind auch nur nach einer längeren Entwicklung zu beobachten. Wird ein neuer Hund oder ein neuer Wolf in eine Gruppe eingebracht bzw. verliert die Gruppe eines ihrer ranghöheren Mitglieder, so dauert es Monate, bis sich die formale Dominanz wieder eingespielt hat. In den ersten Wochen und Monaten werden Konflikte und Auseinandersetzungen dann überwiegend oder ausschließlich mit den Methoden der situativen Kurzzeitdominanz geregelt. Dies bedeutet nicht, dass die Gruppe dann instabil wäre, es bedeutet lediglich, dass die Tiere noch nicht so genau wissen, wie sie sich aufeinander einstellen können. Auch das muss der Hundehalter wissen, wenn er beispielsweise einen Hund neu übernimmt und sich mit ihm zum ersten Mal länger beschäftigt. Bis der Hund die formale Langzeitdominanz des Menschen anerkennt und auch zu schätzen weiß, dauert es eben eine gewisse Zeit. Und in der Zwischenzeit kommen bisweilen auch Anfragen von unten nach oben, die der Mensch als Aufmüpfigkeit auffassen könnte, die in Wirklichkeit aber nichts anderes sind, als eine Verunsicherung des Hundes über die dann zukünftig herrschenden Strukturbedingungen.

Ohne Fleiß kein Preis

Ganz wichtig ist es zu betonen, dass eine Dominanzbeziehung den Rangtieferen sehr viel kostet. Er oder sie verzichtet auf eine Reihe von angenehmen Privilegien, bzw. gesteht diese kampf- und aggressionslos dem anderen zu. Dafür muss er eine Gegenleistung erhalten. Diese Gegenleistung besteht im Rudel darin, dass man den Schutz der Gruppe wahrnehmen kann. In der Mensch-Hund-Beziehungen ist es daher Aufgabe des Menschen, dass es für den Hund Vorteile bringt, diese Dominanzbeziehung anzuerkennen. Chef sein bedeutet also zunächst Verpflichtungen. Man muss sich für seine Mitarbeiter und Untergebenen einsetzen und sich um sie kümmern. Und hier kommen wir zum zweiten elementaren Missverständnis der hundlichen und hundlich-menschlichen Dominanzbeziehung. Dominanz, insbesondere bei Hundeartigen, ist nicht nur, den Führungsanspruch durchzusetzen, sondern bedarf immer auch einer glaubhaften Führungskompetenz. Der Dominante muss seine Aufgaben wahrnehmen! Dazu gehören Gefahrenerkennung, Gefahrenvermeidung, die Fähigkeit, den Alltag zu strukturieren und die Fähigkeit, viele andere, lebens- und überlebenswichtige Regelungen für die Gruppe und insbesondere für die Rangtieferen zu übernehmen. Es geht nicht darum, den Hund zu entmündigen, es geht darum, ihm durch eine klare, souveräne Vorbildfunktion zu zeigen, dass man weiß, was man tut und warum man das tut. Die Langzeitanführerschaft als Beziehung ist also durch Führungskompetenz gekennzeichnet und der Anführende muss sie sich erarbeiten und durch Vertrauen fördern. Kurzzeitige situative Anführerschaft dagegen ist eine Rolle. Diese kann auch von einem Hund oder einem anderen rangtieferen Mitglied der Gruppe ausgeübt werden, wenn er beispielsweise bestimmte Dinge besonders gut kann. Kaum jemand würde vom Rettungshundeführer erwarten, dass er selbst vor dem Rettungshund ins Trümmerfeld steigt, nur weil er dominant sein will. Selbstverständlich übernimmt hier der Hund kraft seiner besseren Nase und seiner größeren Geländegängigkeit auf vier Beinen die Anführerschaft. Trotzdem hat er nicht die Anführerbeziehung, sondern nur die Rolle des situativen Anführers übernommen. Vielfach wird, wiederum aus einem Fehlverständnis unserer äffischen Verwandtschaft heraus, auch vermutet, dass ein rangtiefes Tier automatisch mehr Stress und mehr Belastung in der Gruppe erleben würde. Auch hier sind jedoch die Ergebnisse bei Wölfen, afrikanischen Wildhunden und auch ansatzweise bei anderen Hundeartigen ganz anders als in unserer näheren Verwandtschaft. Zumindest elf Monate im Jahr zeigen die ranghohen Wölfe und Wildhunde in einem Rudel deutlich höhere Stresshormonwerte, insbesondere des Stresshormons Cortisol. Nur um den Zeitpunkt der Paarung herum steigt auch bei den Rangtieferen der Stress. Das bedeutet wiederum, dass ein Hund kaum freiwillig das Bestreben haben dürfte, sich in eine stressbehaftete ranghohe Position zu begeben, wenn er genauso gut ein stressfreies Leben führen kann. Vielfach sind Hunde dadurch gestresst, dass ihre Halter/innen eben keine souveränen Führungspersönlichkeiten sind, und dass der Hund dadurch dem Menschen nicht zutraut, den Alltag für beide vernünftig zu regeln, und dann mehr oder weniger zwangsläufig selbst die Regelung verschiedener Probleme in die eigenen Pfoten nimmt. Beobachtungen an Mensch-Hund-Teams, denen Trainer/innen diese Zusammenhänge klar gemacht haben und bei denen der Mensch dann nach einem entsprechenden Training die Führungsaufgabe wahrnimmt, zeigen deutlich ein zurückgehendes Maß an stressbedingten Verhaltensweisen beim Hund.

Fazit

Was ist also das Fazit für den Hundehalter? Zunächst einmal, dass man sehr vorsichtig sein sollte, wenn einem jemand einreden möchte, der eigene Hund sei dominant. Man sollte sich zuerst einmal den Hund genau anschauen. Die wenigen, die wirklich eine formale Langzeitdominanz gegenüber dem Menschen ausstrahlen möchten, lassen sich durch eine entsprechend aufrechte bis

Situative Dominanz

provokante Körperhaltung erkennen. Die meisten dagegen werden mit vielen Varianten der situativen Dominanzgesten zeigen, dass sie nur gerade keine Lust haben, sich mit dem nackten Bauch in den Schneematsch zu werfen, nur weil irgendjemand auf Distanz »Platz« brüllt.

Konfliktmanagement, zunächst durch Abbruchsignale und Verhaltensweisen, die dem Hund einen situativen Dominanzanspruch des Menschen mitteilen, ist für ein Mensch-Hund-Team keineswegs störend. Jedoch muss, und auch das zeigen die Beobachtungen an Hunden und Wölfen, danach ein Versöhnungssignal gesendet werden, durch das der Rangtiefere erfährt, dass er insgesamt ein sehr willkommenes Mitglied dieser Gruppe ist.

Besonders problematisch ist es, wenn man mit falschen und zu gewaltbereiten oder rigorosen Dominanzkonzepten in der Pubertät eines Hundes agiert. Wer in dieser Zeit mit dem berüchtigten Alpha-Wurf oder anderen körperlich gewaltsamen Methoden den Hund zu disziplinieren versucht, zeigt genau das Gegenteil: Die Dominanzbeziehung ist nicht gefestigt und wird nicht anerkannt, man muss Gewalt anwenden. Gerade pubertierende Hunde, insbesondere von bestimmten Rassen, ziehen daraus sehr schnell die Schlussfolgerung, dass sie selbst die Verbesserung ihrer Position in die Pfote nehmen müssen, oder dass ihr Verbleiben in der Gruppe nicht mehr gewünscht ist – aber im Gegensatz zu jungen Wölfen und Wildhunden haben Familienhunde meist nicht die Möglichkeit, ihre Köfferchen zu packen und abzuwandern.

Im Gegensatz zum Menschen sind Wölfe und andere Caniden nicht nachtragend.

Es gibt ihn also nicht, den dominanten Hund. Es gibt bestenfalls einige wenige Hunde mit einem ausgeprägten Dominanzbestreben. Und es gibt sehr viele Hundehalter, die dem Hund nicht die notwendige Vorbild- und Leitfunktion bieten, damit dieser ihre formale Dominanz problemlos anerkennen kann. Und es gibt Konflikte, die mit den Signalen der situativen Dominanz ausgetragen werden. Diese Konflikte muss der Mensch annehmen und für den Hund klar erkennbar regeln. Durch Ignorieren wird es nämlich in den seltensten Fällen besser ... durch Kastration auch nicht!

Kämpfende Hunde

Etwas Anatomie – Kastration und Sterilisation

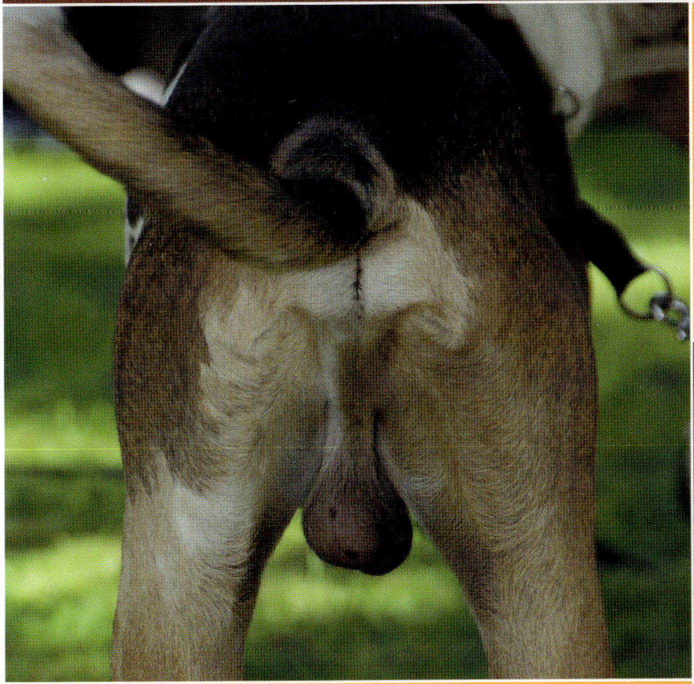

4

Etwas Anatomie – Kastration und Sterilisation

Der Rüde

Um zu verstehen, was bei einer Kastration eines männlichen Tieres eigentlich passiert, müssen wir zunächst einen kurzen Blick auf die Geschlechtsorgane werfen. Die Produktion der Geschlechtszellen, also der Samenzellen, ebenso wie die Produktion des wichtigsten sogenannten männlichen Hormons, nämlich des Testosterons, geschieht im Hoden. Ein kleiner Teil der männlichen Sexualhormone kommt auch beim Rüden aus der Nebennierenrinde. Der größte Teil, etwa 95 % beim Menschen, stammt dagegen aus dem Hoden. Der Hoden ist jedoch hier nur das Ende einer langen Befehlskette, daher müssen wir uns auch mit den weiter oben gelegenen Organen nochmals etwas genauer beschäftigen.

Herr Meier zeigt, was er (wieder) hat.

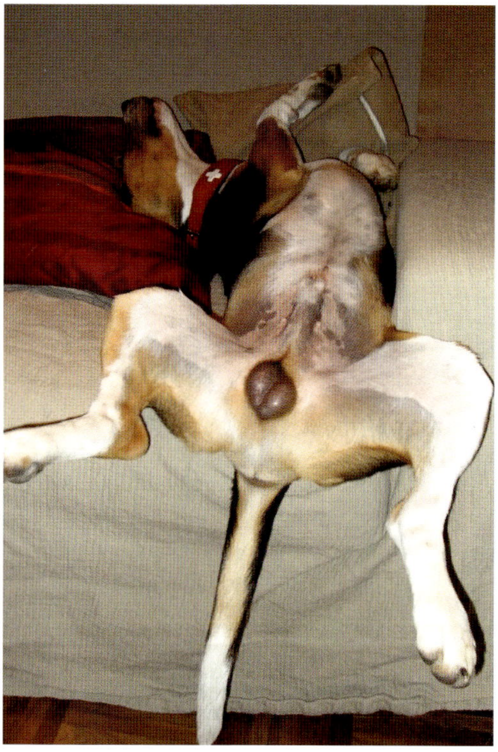

Wie immer beginnt alles im Gehirn. Im Bereich des Gehirns haben wir zunächst zwei große Hormondrüsen, die an der Steuerung des Fortpflanzungsverhaltens beteiligt sind. Da ist zunächst, am Dach des Zwischenhirns die Zirbeldrüse, auch Epiphyse genannt. Diese Epiphyse registriert Tageslänge, Änderungen in der täglich gebotenen Lichtmenge etc., und kann dadurch die Jahresperiodik feststellen. Aus der Zirbeldrüse werden steuernde Hormone ausgeschüttet, die dem Hund beispielsweise ankündigen: »Jetzt wird es Frühjahr, Zeit für die Fortpflanzungsstimmung.« Bei Wölfen geschieht das bekanntermaßen nur im Spätwinter bzw. zeitigen Frühjahr, beim Haushund ist eine zweite Periode der erhöhten Fortpflanzungsbereitschaft im Herbst bei kürzer werdenden Tagen zu beobachten. Übrigens zeigen die Erfahrungen vieler Hundetrainer/innen, dass im Herbst gerade auch die kastrierten Rüden anfangen, sich unmöglich zu benehmen. Das macht klar, dass an der Steuerung auch des sexuell motivierten und im sexuellen Umkreis stehenden Verhaltens noch andere Hormone als nur die »weggeschnittenen« Sexualhormone im engeren Sinne beteiligt sein müssen.

Von der Zirbeldrüse werden die Informationen dann an den Boden des Zwischenhirns, und von

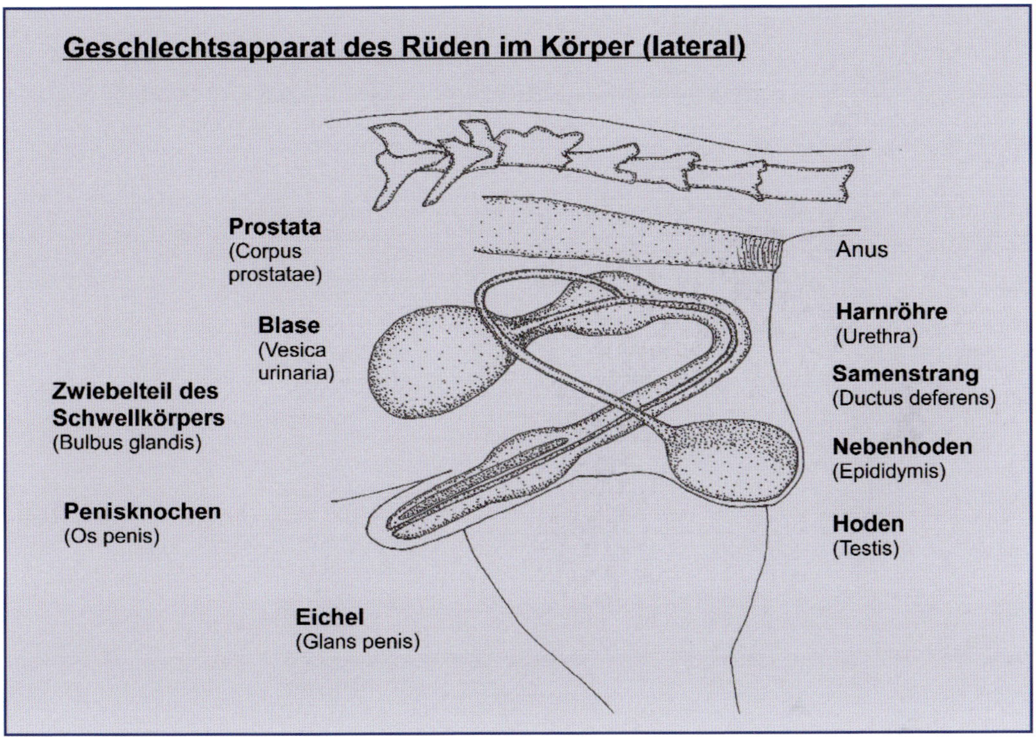

dort an die Hirnanhangsdrüse weitergegeben. Das Hormon, das zunächst die Einsatzbefehle an die Hirnanhangsdrüse gibt, ist das GnRH (Gonadotropin-Releasing-Hormon). Dieses Hormon müssen wir deshalb zur Kenntnis nehmen, weil wir es später bei den Möglichkeiten der sogenannten chemischen Kastration nochmals ausführlicher kennen lernen werden. Von der Hirnanhangsdrüse aus werden dann zwei wichtige steuernde Hormone ausgeschüttet, nämlich das FSH (= Follikel stimulierendes Hormon) und das LH (= luteinisierendes Hormon). Diese beiden gelangen über die Blutbahn zum Hoden und starten dort die Produktion sowohl der Samenzellen als auch, in den sogenannten Leydigschen Zwischenzellen, die Produktion des Testosterons. Die produzierten Samenzellen gelangen zunächst in den Nebenhoden, der sich als ein geschlängeltes Gewirr von Kanälchen wie ein ungeordneter Spaghetti-Haufen um den Hoden herumzieht, und von dort über den Samenleiter schließlich in die Harnröhre und nach draußen. Im Verlaufe ihres Weges durch den Samenleiter werden sie noch mit den Sekreten verschiedener Drüsen versehen, unter anderem auch der Prostata (= Vorsteherdrüse), die bei älteren Rüden oftmals Probleme bereitet. Diese Sekrete sorgen dafür, dass die Spermien in der Samenflüssigkeit beweglich werden, dass sie Wegzehrung für ihren Turboschwimmgang bekommen, und auch dass das chemische Milieu in ihrer Umgebung die richtige Säurekonzentration für ein möglich erfolgreiches Wettschwimmen zur Eizelle erreicht.

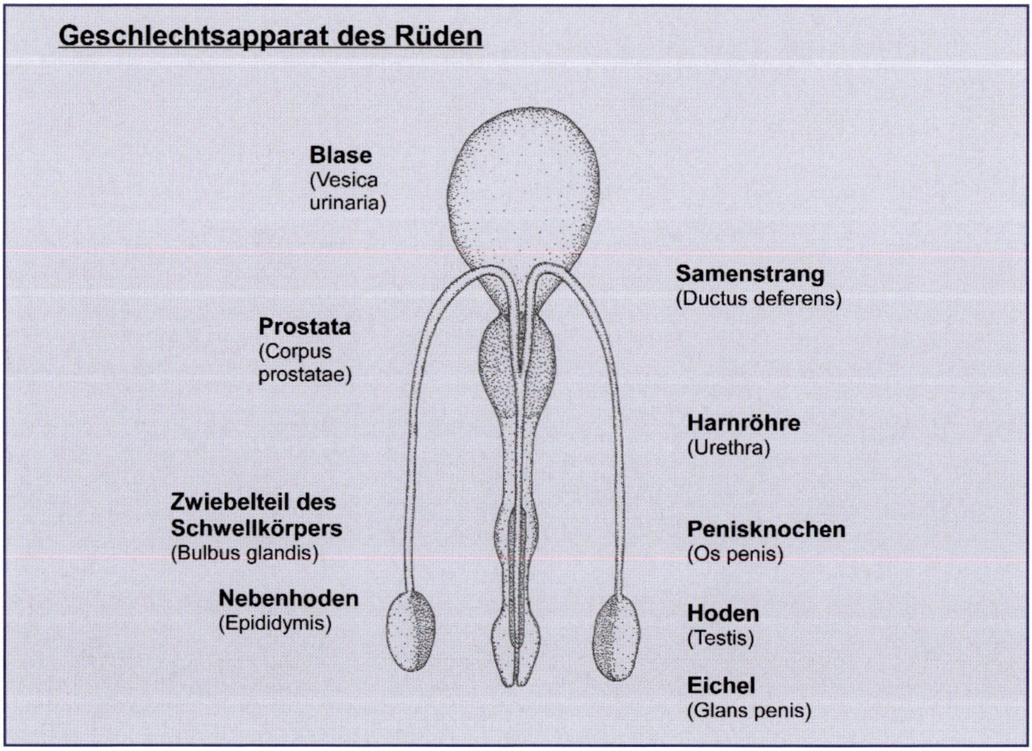

Neben den bereits genannten Organen, also der Zirbeldrüse, dem Boden des Zwischenhirns und der Hirnanhangsdrüse, finden wir noch eine weitere Hormondrüse, von deren Wirkung wir im Folgenden immer wieder hören werden. Dies ist die Nebenniere. Neben diesen, die Geschlechtsorgane und die Stressproduktion steuernden Hormonen wird in der Hirnanhangsdrüse noch eine ganze Reihe anderer Eiweißhormone ausgeschüttet. Im Zusammenhang mit der Kastration bedeutsam sind das Oxytocin, das Vasopressin sowie das Prolaktin, die alle in der Hirnanhangsdrüse gebildet werden. Auch die Ausschüttung dieser Hormone steht unter der Kontrolle des Bodens des Zwischenhirns, des sogenannten Hypothalamus. Auch die Nebenniere erhält ihre Einsatzbefehle über die Hirnanhangsdrüse, jedoch über ein anderes Hormon, nämlich das ACTH (= Adreno-Corticotropes Hormon). Dieses ACTH steigert vor allem in der Nebennierenrinde die Produktion von Cortisol, und im geringen Ausmaß eben auch der Sexualhormone. Dies ist von Bedeutung, weil wir dadurch sehen, dass die aus der Nebennierenrinde stammenden Sexualhormone nicht im sexuellen, sondern im Zusammenhang mit Stress entstehen. Sie lassen sich daher auch nicht durch eine Kastration beeinflussen.

Das Nebennierenmark dagegen, das die Stresshormone Adrenalin (= Fluchthormon) und Noradrenalin (= Kampfhormon) produziert, ist eher für das aktive, vorwärtsgehende Stressbewältigungssystem zuständig. Das Noradrenalin wer-

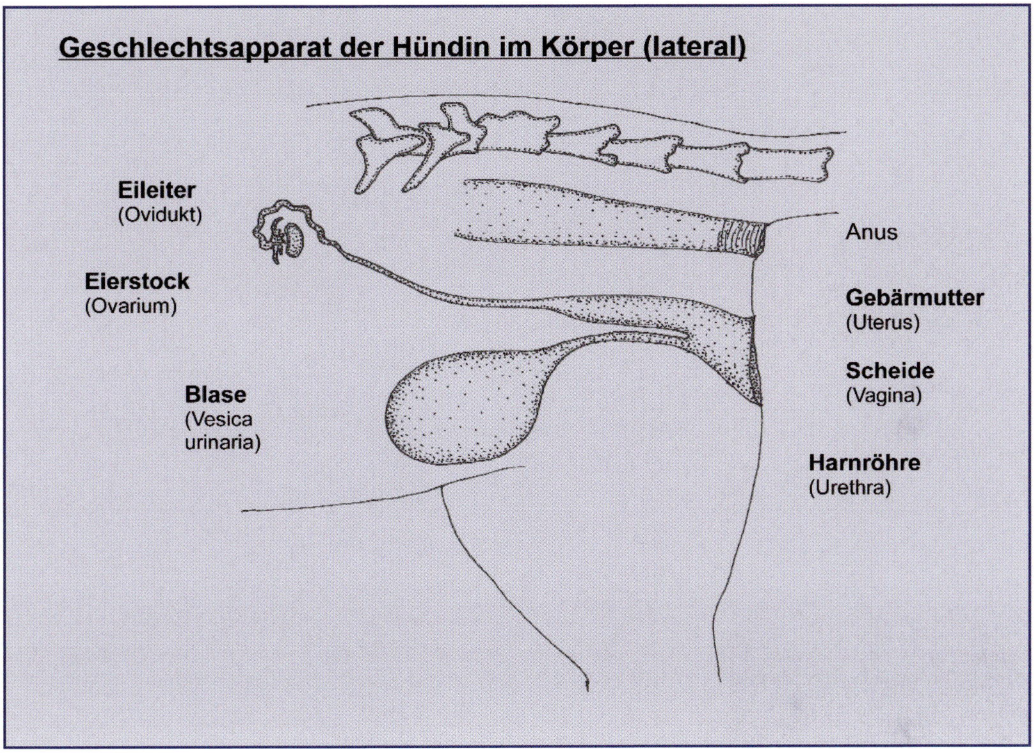

den wir auch noch kennen lernen, weil es Wechselwirkungen mit den Sexualhormonen hat.

Die Hündin

Die Organe, die wir oberhalb der Geschlechtsorgane bereits kennen gelernt haben, einschließlich der Nebenniere, sind bei beiden Geschlechtern gleich. Wir müssen sie daher nicht noch einmal extra erwähnen.

Wir können uns auf die eigentlichen Geschlechtsorgane konzentrieren. Die Eier, und auch ein Großteil der weiblichen Hormone, der sogenannte Östrogene werden im Eierstock produziert. Die Eier müssen dann eine kleines Stück über einen Spalt wandern, um in den Wimpertrichter und von dort aus in den Eileiter zu gelangen. Vom Eileiter gelangen sie dann schließlich zunächst in die beiden sogenannten Gebärmutterhörner, dann in den gemeinsamen Raum des Gebärmutterkörpers, und irgendwo in der Gebärmutter würde dann bei erfolgreicher Befruchtung die Einnistung der Eier erfolgen. Die Scheide dient als Ausführungsgang. Die Gebärmutterwand ist ebenfalls als Produzent von Östrogenen von Bedeutung. Neben den aus der Gebärmutter und dem Eierstock stammenden Sexualhormonen (der Eierstock produziert, zu einem späteren Zeitpunkt auch das Schwangerschaftshormon Progesteron) ist auch wieder die Nebennierenrinde als Produzentin von Sexualhormonen aktiv. Auch hier spielen die Östrogene aus der Nebennierenrinde nur eine geringe Rolle.

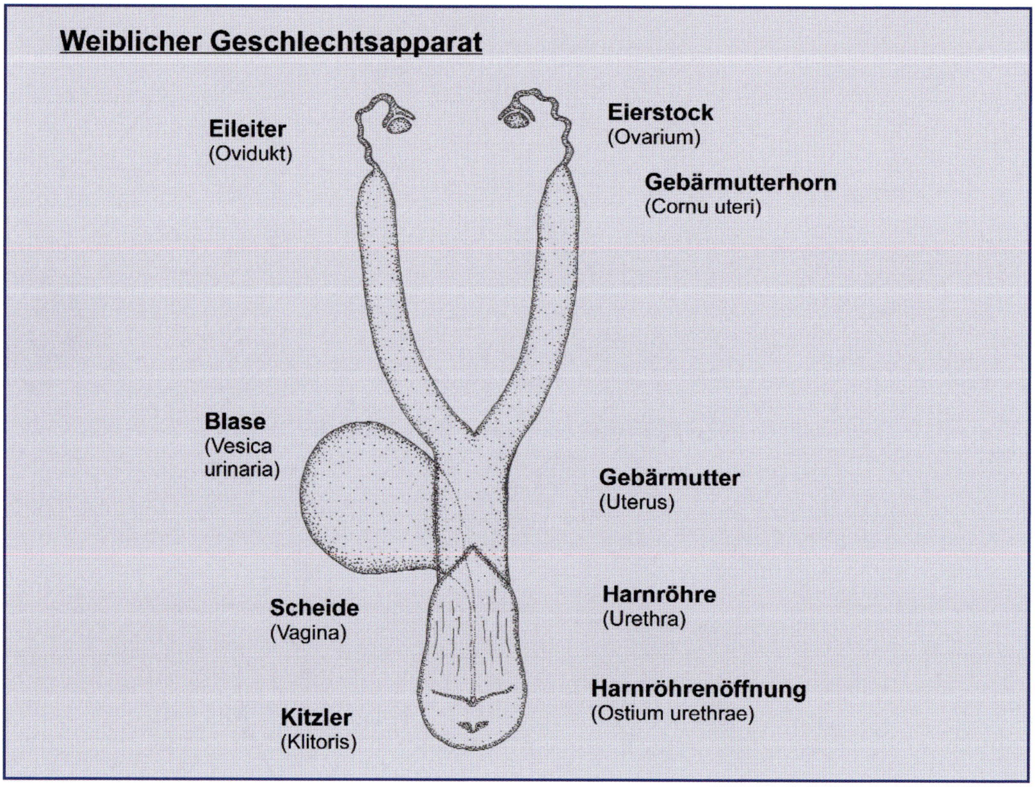

Die Operationen

Immer noch hält sich hartnäckig das Gerücht, dass man bei der Operation eines Rüden von einer Kastration, bei der Operation einer Hündin dagegen von einer Sterilisation spräche. Dies ist jedoch chirurgisch und anatomisch falsch. Kastration bedeutet in beiden Geschlechtern die Entfernung der Geschlechtsorgane. Beim Rüden werden also bei der Kastration chirurgisch die Hoden aus dem Hodensack entfernt, bei der Hündin die Eierstöcke aus dem Bauchraum. Von einer Sterilisation spricht man dagegen, wenn die Geschlechtsorgane intakt bleiben und durch Unterbrechung der Ausführgänge die Fortpflanzung verhindert wird. Während bei der Kastration die gesamte, aus den Geschlechtsorganen stammende Geschlechtshormonproduktion schlagartig wegfällt, wird bei der Sterilisation der Hormonhaushalt nicht beeinflusst. Bei der Hündin bedeutet das, dass der Eileiter unterbrochen oder durchtrennt wird, beim Rüden wird der Samenleiter unterbrochen oder durchtrennt. Will man dem Ganzen schlaue Namen geben, spräche man bei der Kastration der Hündin von einer Ovariektomie, bei der Sterilisation der Hündin von einer Oviduktomie, bei Sterilisation des Rüden von einer Vasektomie.

Wird bei der Hündin zusätzlich noch die Gebärmutter entfernt, hätte man den Zustand der sogenannten Totaloperation, wie sie auch bei Frauen allerdings nur aus medizinischer Einzel-

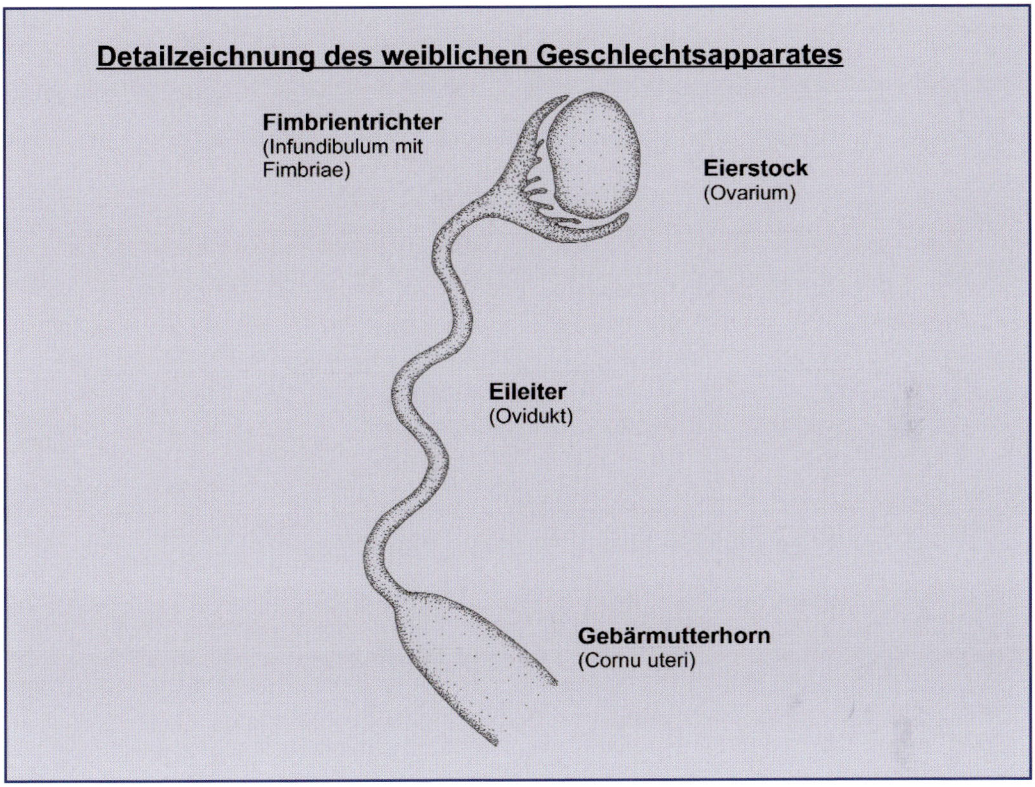

Indikation gemacht wird, und würde von einer Hysterektomie bei der Gebärmutterentfernung oder Ovariohysterektomie bei der Totaloperation sprechen. Man kann sich diese Fachausdrücke auch schenken, sollte sie jedoch als passives Wissen im Hinterkopf haben, wenn man tierärztliche Berichte oder einschlägige Veröffentlichungen lesen will.

Was im Einzelnen passiert, ist auch zum Teil von der Geschicklichkeit und der Erfahrung des behandelnden Chirurgen abhängig.

Hormonelle Unterdrückungen

Die verschiedenen Möglichkeiten einer chemischen Kastration lassen sich auf zwei grundlegende Mechanismen zurückführen: Die eine Möglichkeit ist es, die Hormonproduktion mit Hilfe einer sogenannten Downregulation zu unterdrücken. Hierbei wird, wie in der beiliegenden Abbildung zu sehen ist, ein Übermaß des Hormons GnRH bzw. eines mit ihm verwandten künstlichen Wirkstoffes durch eine Implantation verabreicht. Dies führt nach einem kurzen ersten Überschießen der Produktion von GnRH und anschließender Produktion von Testosteron dann zu einem zuverlässigen Herunterregeln bis auf einen Minimalstand, der dem Zustand einer chirurgischen Kastration hormonell entspricht. Das heißt, der Rüde hat danach dann weder Testosteron und sexuell motiviertes Verhalten noch Samenzellproduktion. Der genaue Mecha-

Kastration des Rüden

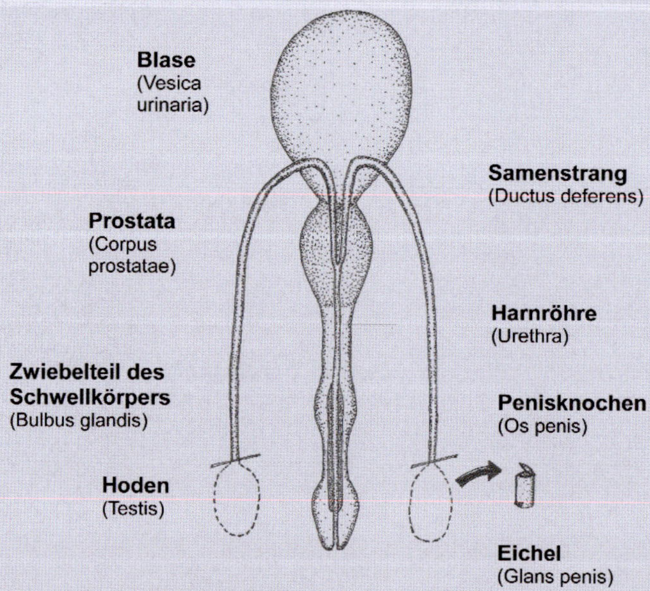

Sterilisation des Rüden (Vasektomie)

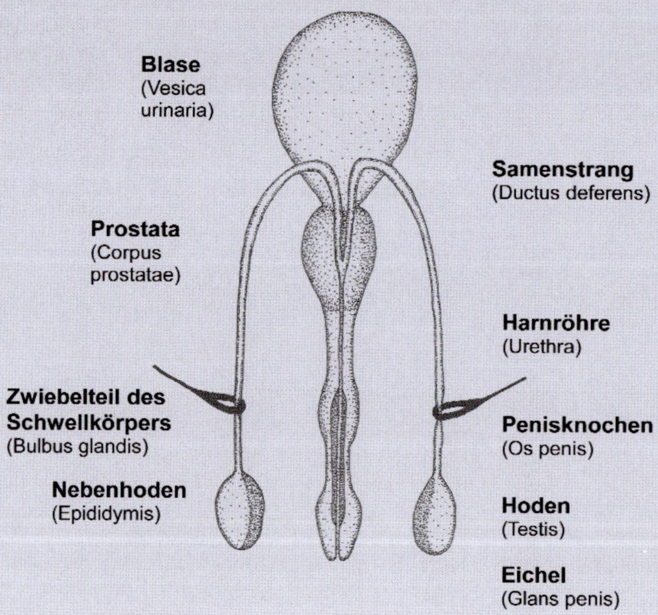

Kastration der Hündin (Ovariektomie)

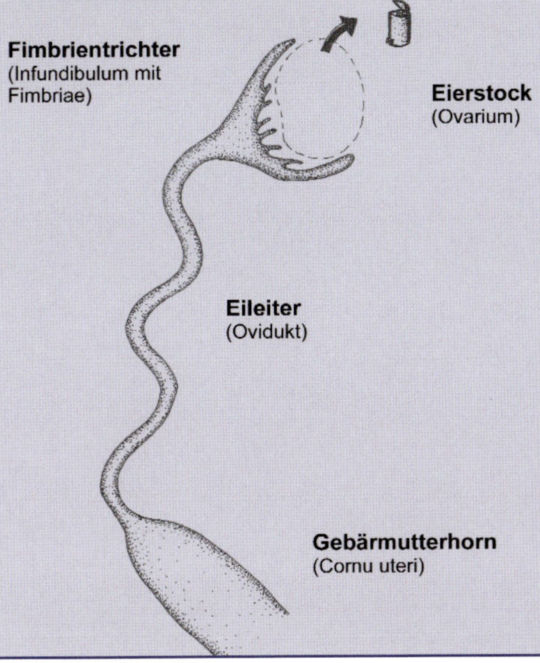

Totaloperation bei der Hündin (Ovariohysterektomie)

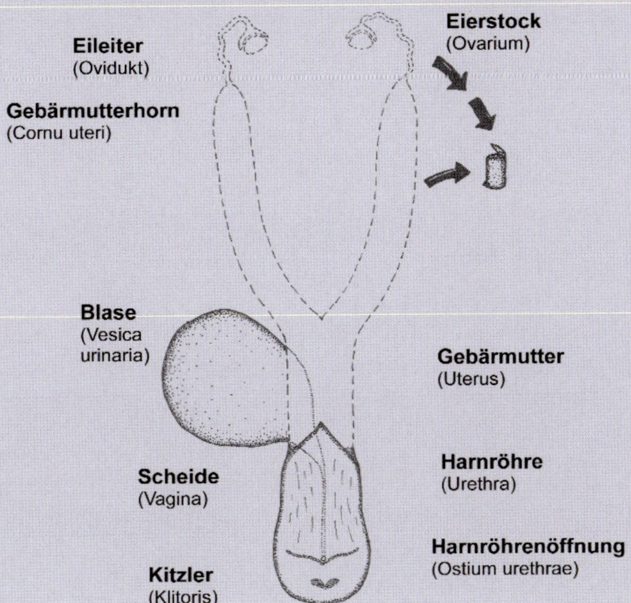

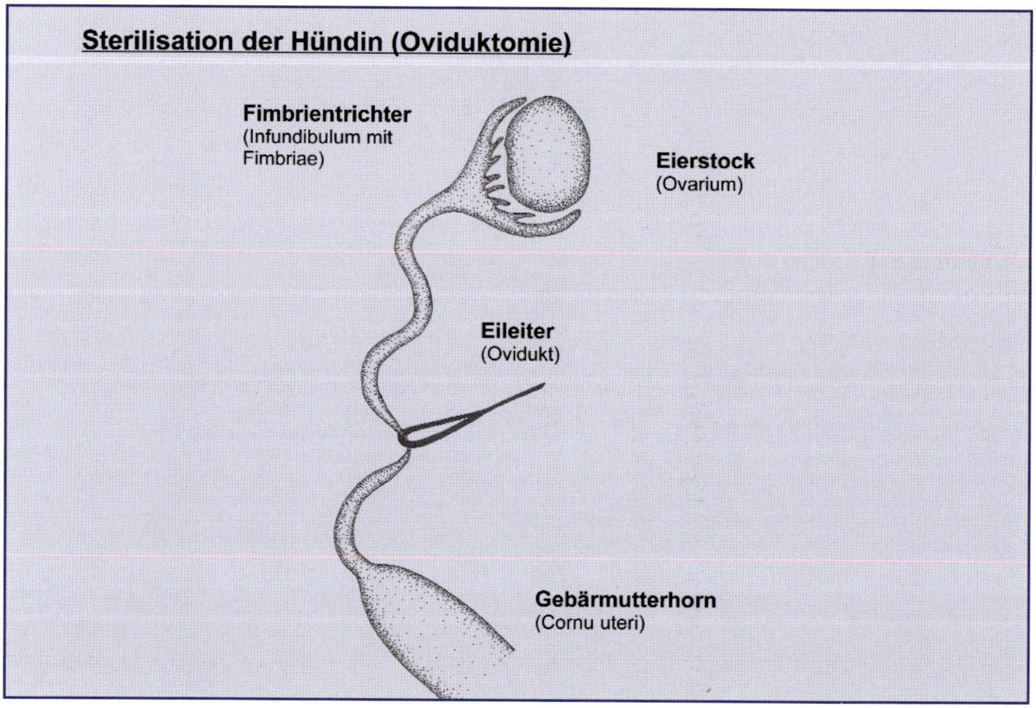
Sterilisation der Hündin (Oviduktomie)
Fimbrientrichter
(Infundibulum mit Fimbriae)
Eierstock
(Ovarium)
Eileiter
(Ovidukt)
Gebärmutterhorn
(Cornu uteri)

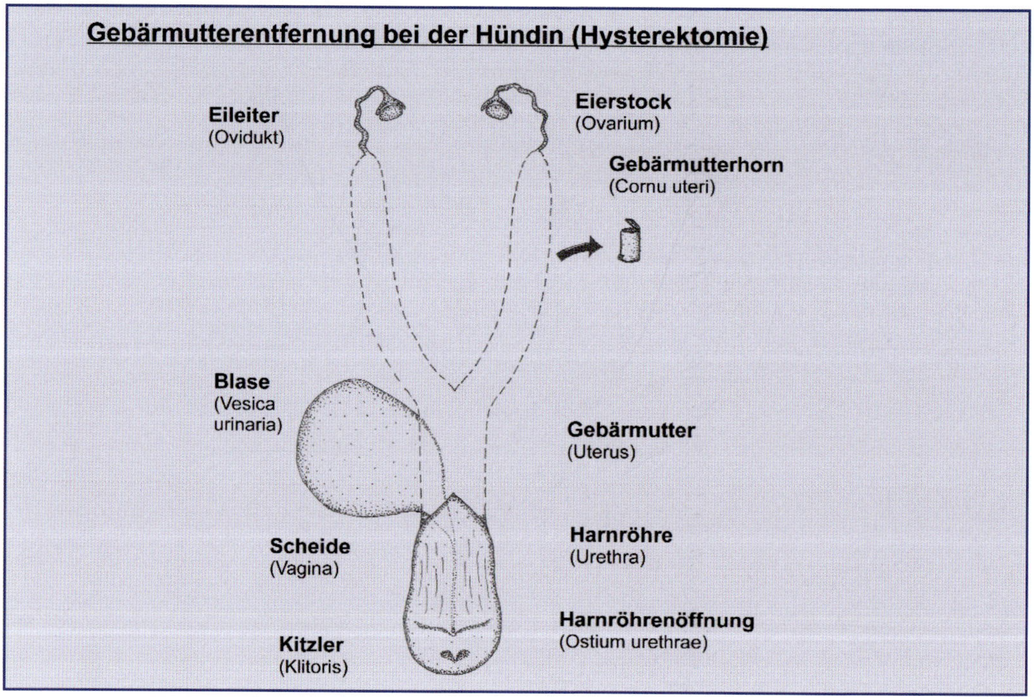
Gebärmutterentfernung bei der Hündin (Hysterektomie)
Eileiter
(Ovidukt)
Eierstock
(Ovarium)
Gebärmutterhorn
(Cornu uteri)
Blase
(Vesica urinaria)
Gebärmutter
(Uterus)
Scheide
(Vagina)
Harnröhre
(Urethra)
Kitzler
(Klitoris)
Harnröhrenöffnung
(Ostium urethrae)

nismus sieht so aus, dass durch den Überschuss an GnRH die Rezeptoren, also die Bindungsstellen für dieses Hormon zunehmend aus den Zellmembranen verschwinden und im Inneren der Zellen gelagert bzw. aufgelöst werden. Dadurch sind die Zellen für das GnRH nicht mehr ansprechbar, und können damit keinen Befehl zur Testosteronproduktion geben. Theoretisch ist diese Methode bei beiden Geschlechtern möglich. In der Wildtiermedizin wird sie bei beiden Geschlechtern eingesetzt und manche mutige Tierärzte tun dies durch Umwidmung durchaus auch beim Haushund. Die Firma, die diese Methode entwickelt hat, arbeitet aber fieberhaft an einer Injektionslösung, und diese wird dann auch für die Hündin die allgemeine Zulassung bekommen.

Die andere Methode, die vor allem früher angewendet wurde, besteht darin, Hormon-Antagonisten oder Hormone des anderen Geschlechts zu injizieren. Der Rüde bekäme also entweder ein sogenanntes Anti-Androgen, das die Wirkungsweise des Testosterons aufhebt, oder ein Östrogen-Analogon, also ein mit den weiblichen Hormonen verwandtes Präparat. Die Wirkung dieser beiden Substanzen kann man sich etwa vorstellen wie eine Kindersicherung in einer Steckdose. Dann kann die Steckdose keinen Strom mehr liefern, weil sie blockiert ist, und auch ein Stecker eines Verbrauchgerätes kann nicht mehr in diese Steckdose gesteckt werden. Das Problem mit beiden Methoden, sowohl den Anti-Androgenen als auch den Östrogenen-Analoga ist jedoch, dass viele Nebenwirkungen der Sexualhormone auch durch diese analogen Strukturen genauso ausgelöst werden.

Neben der Kastration gibt es zudem die Möglichkeit, die Läufigkeit der Hündin mit Hormonen zu unterdrücken. Wie bei der »Pille« für den Menschen setzt man vor allem das Schwangerschafts-Schutzhormon Progesteron oder verwandte Substanzen ein, um die Reifung der Eizellen und den Eisprung zu verhindern. Die »Pille« für die Hündin ist aber meist eine Spritze. Dieses Wegspritzen von Läufigkeit, oder auch der Scheinmutterschaft durch bestimmte Antagonisten, führt jedoch häufig zu Problemen. Zum Beispiel zu erhöhten Risiken für Mammatumore oder Gebärmuttervereitungerungen.

Fazit

Die Kastration, also die Wegnahme der Geschlechtsorgane, entfernt auch den größten Teil der Sexualhormonproduktion. Sie hat daher weitreichende Verhaltenskonsequenzen. Die Sterilisation, eine reine Entfernung der ausführenden Gänge, macht das Tier fortpflanzungsunfähig, lässt es jedoch physiologisch, hormonell und verhaltensbiologisch intakt. Wenn also, sei es aus gesetzlichen Gründen (sogenannte Kampfhunde-Verordnungen), aus genetischen oder züchterischen Gründen (z.B. bei nachgewiesenen Erbkrankheiten) oder zur Populationskontrolle die Fortpflanzungsverhinderung gefordert wird, stellt die Sterilisation das Mittel der Wahl dar.

Chemische Kastrationsverfahren im Sinne der GnRH-Downregulationsmethoden durch Einpflanzen eines Hormonimplantates sind die einzige zuverlässige Methode, wie man den Wegfall der Sexualhormone simulieren und damit eine konkrete Fallbeurteilung vornehmen kann.

Frühkastration? Nein danke!

5

Frühkastration? Nein danke!

Wie wir bereits im Vorwort dargelegt haben, vermeiden wir in der Regel Pauschalaussagen. Aber keine Regel ohne Ausnahme, und so finden Sie hier eines unserer seltenen pauschalen Statements: Eine Frühkastration sollte unter keinen Umständen in Erwägung gezogen werden, es sei denn, es gibt einen triftigen medizinischen Grund dafür.

Die Kastration eines Hundes wird ja leider häufig bereits wenige Monate nach seiner Geburt empfohlen. Wir kennen sogar Fälle, in denen Hunde bereits mit sechs oder acht Wochen kastriert werden.
Hier eine leider durchaus gängige Passage aus der »Zuchtordnung« eines Verbandes einer sogenannten »Designerrasse«:
»Der Züchter garantiert, dass alle Welpen, die nicht zur Zucht verwendet werden, entweder sterilisiert (Hündin) oder kastriert (Entfernung der Hoden beim Rüden) werden. Dieses muss geschehen, bevor die Welpen dem neuen Eigentümer übergeben werden. Diese Maßnahme dient dem Schutz der Rasse XXX. Außerdem möchte man damit verhindern, dass diese Rasse als Massenzucht missbraucht wird. Sollte der Welpe nicht kastriert werden können (z.B. medizinische Gründe), muss dieses auf dem Formular durch den Tierarzt und den Züchter mit den Unterschriften bestätigt werden. In diesem Fall bleibt der Züchter Miteigentümer des Welpen. Erst nach der Durchführung der Kastration geht der Welpe ganz in das Eigentum des Welpenkäufers über. Musterverträge stellt XXX-Europe Ihnen gerne zur Verfügung.«

Diese Vorschrift findet sich in dieser oder ähnlicher Form bei vielen solcher »Edelkreuzungen«. Abgesehen davon, dass diese Herrschaften offenbar nicht einmal den Unterschied zwischen einer Kastration und einer Sterilisation kennen, der dem aufmerksamen Leser dieses Buches inzwischen klar sein sollte, stellt dies einen Verstoß gegen das deutsche Tierschutzgesetz dar!

Diese völlig inakzeptable Praxis soll sichern, dass die Hersteller (von Züchtern sollte man in diesem Zusammenhang, wie wir finden, nicht reden) von neuen Modekreuzungen, sogenannten Designerrassen, das Monopol für die betreffende Rassekombination behalten und die Welpenkäufer nicht selbst mit der Nachzucht dieser Tiere beginnen können. Einerlei aus welchen Gründen dies geschieht, eine solche Praxis ist, wie wir zeigen werden, in jedem Falle abzulehnen.

In diesem Falle keine »Designerrasse« und zum Glück auch keine Kastration, aber sogenannte »Designerhunde« müssen oft bereits in diesem Alter daran glauben.

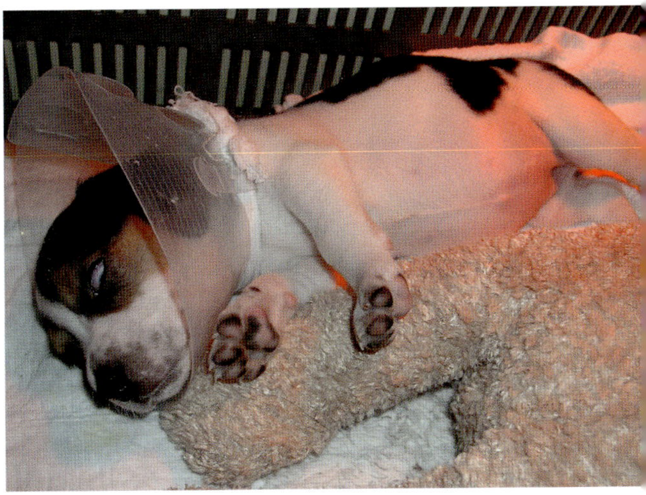

Ein Hund sollte erst mal erwachsen werden dürfen, bevor man über eine Kastration nachdenkt.

Die Vorstellungen über den Beginn und das Ende der Pubertät sind bei Hundehaltern und auch bei züchtenden und anderen Profis sehr unterschiedlich. Sicher ist, dass die Pubertät keineswegs mit der rein körperlichen Geschlechtsreife gleichzusetzen ist. Auch wenn ein Rüde bereits perfekt lebens- und zeugungsfähige Samenzellen produziert und eine Hündin in ihrer ersten Läufigkeit bereits einen vollständigen Eisprung erfährt und dadurch potenziell erfolgreich trächtig werden könnte, bedeutet dies noch lange nicht, dass sie körperlich oder gar geistig voll erwachsen sind.

Zeitlicher Rahmen der Pubertät

Während man den Beginn der Pubertät noch einigermaßen klar erkennen kann, ist das Ende weitgehend dem erfahrenen Blick des Hundehalters überlassen. Hündinnen kommen in die Pubertät, wenn im Vorfeld der ersten Läufigkeit erstmals ein stärkerer Östrogenanstieg zu beobachten ist. Rüden kommen ersichtlicherweise in die Pubertät, wenn sie beginnen, beim Markieren das Beinchen zu heben und sich sonst auch rüpelhaft zu benehmen. Aber das Ende ist weitgehend unklar. Als Faustregel kann man davon ausgehen, dass Hündinnen mindestens drei Läufigkeiten mit allen danach folgenden Ereignissen einschließlich der Scheinmutterschaft durchlaufen müssen, bevor man sie als vollständig erwachsen bezeichnen kann. Wer schon einmal eine Hündin durch die Pubertät begleitet hat, kann dies bestätigen, man erlebt von Läufigkeit zu Läufigkeit einen deutlichen Reifesprung. Rüden entwickeln sich auch nicht schneller als Hündinnen. Insbesondere bei größeren Rassen oder bei solchen mit geringer Grundstoffwechselaktivität eher um einige Monate langsamer. Als Faustregel kann man trotzdem auch bei einem Rassehunderüden annehmen, dass er etwa im gleichen Alter voll erwachsen ist, in dem auch die Hündin derselben Rasse ihre dritte Läufigkeit erfolgreich hinter sich gebracht hat. Streng genommen wäre dann alles, was vor diesem Zeitpunkt passiert, eine Frühkastration.

Manche Hunderassen brauchen sogar nach Einschätzung erfahrener Züchter und Halter noch länger als bis zum hier genannten körperlich definierbaren Zeitpunkt. So sind beispielsweise der Hovawart oder die meisten Herdenschutzhunde laut Aussage von erfahrenen Züchtern frühestens mit vier bis viereinhalb Jahren voll erwachsen. Dies deckt sich übrigens auch mit Angaben von Wolfsforschern, wonach frei lebende Wölfe erst etwa mit fünf Jahren eine zentrale und leitende Position in einem Rudel vollständig ausfüllen.

Auswirkungen einer Frühkastration auf die weitere Entwicklung

Für das Verständnis unserer Ablehnung frühzeitiger Kastrationen ist es nötig, sich zunächst etwas mit den Vorgängen rund um die Pubertät zu beschäftigen. Dabei werden uns einige Hormone bereits erstmals begegnen, deren Wirkung wir dann in einem späteren Kapitel ausführlicher betrachten.

Der Beginn der Pubertät wird meistens vom Erbgut gesteuert. Es gibt sogenannte Pubertätsgene, die sich zu einem bestimmten Zeitpunkt in der Entwicklung eines Jungtieres einschalten, und die dann wiederum einen Anstieg der Geschlechtshormone bzw. der für die Produktion von Geschlechtshormonen zuständigen Steuerungshormone (GnRH, siehe Seite 33) bewirken. Eine frühzeitige Einschaltung der Pubertätsgene kann beispielsweise durch eine zu energiereiche Fütterung erzielt werden, eine Verzögerung kann durch die Wirkung von Stresshormonen, durch Nahrungsmangel oder andere ungünstige Umweltbedingungen entstehen. Es sei nebenbei erwähnt, dass gerade in der Zeit unmittelbar vor dem Beginn der Pubertät eine verstärkte Anwesenheit von Stresshormonen weitgehende Konsequenzen für das Verhalten des erwachsenen Tieres hat. Emotionale Instabilität, beeinträchtigte oder geänderte Lern- oder Gedächtniskapazität, aber auch ein geschwächtes Immunsystem können die Folge einer solchen jungendlichen Traumatisierung sein.

Durch die Anschaltung der Pubertätsgene und den danach folgenden Anstieg der Sexualhormone wird dann auch die Schilddrüse aktiv. Sowohl das Schilddrüsenhormon Thyroxin als auch das sogenannte Wachstumshormon, bisweilen auch als Nervenwachstumsfaktor oder Wachstumsfaktor bezeichnet, werden verstärkt produziert. Die Auswirkungen dieser Hormone auf den gesamten Körper und auch auf die Funktion vieler Organe sind erstaunlich.

So wird unter dem Einfluss der genannten Hormone das Längenwachstum der Röhren-

Schlaksiger Junghund

knochen beendet. Dies geschieht dadurch, dass eine bis dato knorpelige Fuge kurz vor dem Gelenkstück des jeweiligen Knochens nun endgültig verknöchert, die sogenannte Wachstumsfuge wird geschlossen. Gleichzeitig ändern sich die Drehmomente und Drehverhältnisse an den Gelenken selbst, unter anderem durch eine Verstärkung der Bänder und Sehnen, sowie einen verstärkten Muskelaufbau. Dies betrifft männliche Tiere stärker als weibliche, ist aber generell in beiden Geschlechtern zu beobachten. Hier kann man sich bereits vorstellen, welche Auswirkungen eine Kastration vor diesem so wichtigen Entwicklungsabschnitt hat. Kastrationen nehmen dem Tier diesen, für die Umgestaltung der Knochen und Gelenke notwendigen Hormonschub. Dadurch kommt es in vielen Fällen zu einem verstärkten Längenwachstum, gleichzeitig nimmt die Robustizität der Knochen, also das Verhältnis von Durchmesser zu Länge nicht im nötigen Maße zu. Lange, schlaksige und daher auch mit ungünstigen Hebelarmen versehene Knochen sind die Folge. Auch Gelenkflächen werden weniger gut ausgebildet. Nimmt man dazu noch die bereits erwähnten verstärkenden Auswirkungen auf das Bindegewebe und die Muskulatur weg, lässt sich leicht erklären, warum frühkastrierte Hunde im erwachsenen Zustand häufiger mit Gelenkserkrankungen zu tun haben. Insbesondere Hunde mit einer Disposition, also einer erblichen Veranlagung für Hüftgelenks-, Kniegelenks- oder andere Gelenkserkrankungen zeigen im erwachsenen Stadium häufiger das Auftreten dieser Krankheit, wenn sie vor dem Höhepunkt der Pubertät kastriert wurden. Auch die Gefahr von Kreuzbandrissen steigt statistisch nachweislich bei kastrierten Hunden an.

Neben der Ausbildung von Knochen, Gelenken und Muskeln wird auch das Nervensystem in vielfältiger Weise durch die pubertären Wachstumsvorgänge verändert. Wir alle kennen den schlaksigen und stolpernden Gang von Jugendlichen, der bisweilen auch bei unseren pubertierenden Hunden zu sehen ist. Dies hat nicht primär damit zu tun, dass der betreffende Jugendliche besonders cool und lässig wirken möchte, sondern ist vielmehr eine Folge des Zusammenwirkens von unterschiedlich schnellen Wachstumsprozessen im Bereich von Muskulatur, Gelenken und Knochen, sowie einer Veränderung in den Muskelsinnesorganen. Dadurch entsteht ein Ungleichgewicht zwischen den verschiedenen Teilen des Bewegungsapparats, und ein schlenkernder Gang ist die Folge. Bei Erwachsenen spielt sich dann alles wieder gut aufeinander ein.

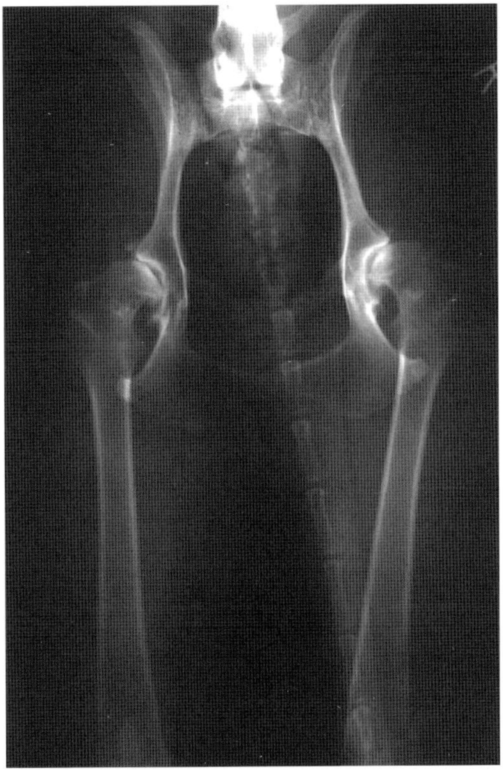

Die Hüft-Dysplasie

Auch das Herz-Kreislauf-System und die Atmung werden während der Pubertät unter dem Eindruck der genannten Wachstumshormone gestärkt. Nicht umsonst kennt man bei vielen frühkastrierten Hunden das Auftreten von Herzschwächen und anderen Kreislaufproblemen. Der Hund ist nicht nur zu groß für sein Herz, das Herz ist auch zu schwach für seine Größe. Von beiden Seiten, also vom Wachstumsprozess des Skeletts und der Muskulatur, wie auch von den notwendigen Verstärkungen und Vergrößerungen des Herzens selbst, fehlt einfach der letzte Schliff.

Die dramatischsten Auswirkungen neben denen der Gelenke treten aber bei der Frühkastration im Gehirn ein. Der genannte Cocktail aus Wachstumshormon und Nervenwachstumsfaktor, Sexual- und Stresshormonen führt im Gehirn des Jugendlichen zu einer weitreichenden Umorganisation. Zum einen beobachtet man eine Abschaltung vieler Nebenwege und wenig gebrauchter Zellen im Bereich des Gehirns bei gleichzeitiger Wachstumsvergrößerung und sogar nochmaliger Zellteilung in den Gegenden, die stark beansprucht werden. Sowohl die Nervenzellen selber, als auch die für ihre regelmäßige Nährstoffversorgung nötigen Gliazellen sind bei entsprechender Beanspruchung während der Pubertät von dieser Förderung betroffen. Die Fasern der Nervenzellen, also sozusagen die Kabelverbindungen zwischen den Schaltzentren, werden für eine schnellere Leitungsgeschwindigkeit beispielsweise durch die Umhüllung mit einer besseren Isolierschicht vorbereitet. Unnötige Um- und

Nebenwege werden abgebaut. Man schätzt, dass beim Menschen pro Sekunde etwa 30000 Verknüpfungen zwischen den Nervenzellen, den sogenannten Synapsen, zu Grunde gehen. So erstaunlich es klingt, die Auswirkungen der Pubertät im Gehirn sind also nicht eine Vergrößerung der Hirnmasse, sondern eher eine Reduzierung von nicht gebrauchten und nicht beanspruchten Teilen des Gehirns. Dem gegenüber wird in anderen Bereichen die Empfindlichkeit für Nervenimpulse und damit auch für Denk- und Handlungsvorgänge verbessert. Der große Gewinner der Umgestaltung ist insbesondere die Hirnrinde, und hier ganz besonders das sogenannte vordere Stirnhirn. In diesem, auch mit sozialer Kompetenz und sozialem Beziehungsverhalten verknüpften Gebiet nimmt die Empfindlichkeit für verschiedene Botenstoffe zu. Zugleich nimmt die Empfindlichkeit für die gleichen Botenstoffe im Bereich des sogenannten Emotionsgehirns, des limbischen Systems, ab. Dies bedeutet, dass bei gleicher Anwesenheit von Botenstoffen nun mehr rational-vernünftiges Handeln und weniger emotionales Verhalten an den Tag gelegt wird. Verantwortlich für alle diese Umgestaltungen sind überwiegend die Sexualhormone, wobei auch im männlichen Geschlecht im Gehirn vorher das Testosteron häufig in Östrogene umgewandelt wird.

Auch das passive Stresshormon Cortisol und das sogenannte Elternhormon Prolaktin schwanken

Spiel unter Junghunden fördert die Entwicklung.

in ihren Konzentrationen während der Pubertät sehr stark. Daraus entstehen nicht nur die pubertätsbedingten Stimmungsschwankungen, die bis zu depressiven Anfällen führen können, oder die Reizbarkeit und bisweilen grundlos cholerische Extrovertiertheit vieler Pubertierender. Die genannten Hormonschwankungen sind auch nötig, um sozusagen das System für die Zukunft zu eichen und dann auf einen alltagstauglichen Mittelwert einzustellen.

Es sollte nun jedem klar sein, welche Folgen eine Kastration vor dem Höhepunkt der Pubertät im Gehirn haben muss: Das Kinderzimmer wird nicht aufgeräumt, viele unnötige Verknüpfungen und wenig benutzte Nervenzellen bleiben erhalten, das limbische System behält seine Vormachtstellung und wird daher weiterhin stärker mit Emotionen reagieren, und das Großhirn und seine Rindenregion, die eigentlich für vernünftiges und rational-nachdenkliches Handeln zuständig wären, erhalten zu wenig an Entwicklungsschüben und zu wenig an Differenzierungen. Auch innerhalb des Großhirns bleibt die Arbeitsteilung aus: Anstatt kleine Regionen mit speziellen Aufgaben zu beauftragen, sind große Regionen für viele Aufgaben gleichzeitig zuständig. Dass dies nicht gerade zu einer effektiveren Problemlösung führt, dürfte allgemein erkennbar sein.

Anstatt eine Datenautobahn mit Glasfaserkabeln einzurichten, bleiben die altmodischen, wenig isolierten und mit kalten Lötstellen versehenen Metalldrähte bestehen. Die lange Leitung, die ein Jugendlicher manchmal in der Pubertät aufweist, sollte ja eigentlich nur ein Übergangszustand zu der Zeit sein, wenn gerade manche Verbindungen abgebaut, die neuen schnelleren aber noch nicht eingezogen wurden.

Die erhöhte Stressanfälligkeit durch Stimmungsschwankungen und Schwankungen der Stresssowie der Sexualhormone, und die daraus entstehende Reizbarkeit und Aggressivität sind nicht nur bei menschlichen Jugendlichen in der Pubertät bekannt, sondern auch bei tierischen Artgenossen. Wird nun zufällig gerade im Zustand eines solchen hormonellen Ungleichgewichts kastriert, kann entweder die entsprechende Unsicherheit und Stressanfälligkeit, oder die extrovertierte, explosive Aggressivität für die Zukunft festgeschrieben werden. Dazu kommen die bereits genannten Probleme in den Gelenken und Knochen, im Herz- und Kreislaufsystem sowie auch in anderen Organen.

Aus allen diesen Gründen sind wir der Meinung, dass es keine Rechtfertigung für eine Kastration vor dem Höhepunkt der Pubertät gibt. Wer unbedingt eine Hündin aus medizinischen Gründen kastrieren lassen muss, sollte dies, wenn irgend möglich, bis mindestens nach dem Abklingen der zweiten Läufigkeit und ihrer Folgeerscheinungen hinziehen. Gleiches gilt für die medizinisch notwendige Einzelfallentscheidung zur Kastration eines Rüden, etwa bei einem Hodenhochstand. Wir werden auf die medizinischen Gründe für eine Entscheidung pro Kastration in einem späteren Kapitel eingehen. Aber selbst in diesem Falle sollte dem Hund noch eine zumindest weitestgehende Verhaltensreifung zugestanden werden, indem man den Kastrationstermin so weit wie nur irgendwie medizinisch vertretbar nach hinten verlagert.

Wer aber bereits einen bedauerlicherweise zu früh kastrierten Hund erworben oder übernommen hat, sollte sich seiner besonderen Verantwortung bewusst sein. Physiotherapie, Knochen-

und Muskelaufbau, verhaltensstabilisierende und stressbewältigende Trainingsansätze sollten hier verstärkt zum Einsatz kommen. Für solche Fälle ist dann auch die kompetente Einzelberatung dringend erforderlich. Man kann die zu frühe Operation zwar nicht mehr rückgängig machen, aber man kann dafür Sorge tragen, dass durch eine vernünftige Nachsorge die Risiken minimiert und soviel wie möglich an Lebensqualität wieder hergestellt wird.

Fellbeispiele Jim und Knopf

Jim und Knopf sind zwei Rüden, die bis heute unter den Folgen der Frühkastration zu leiden haben. Die sehr scheue Mutter der insgesamt vier Welpen wurde hochträchtig in Rumänien von einer Tierschutzorganisation von der Straße weg gefangen und »gerettet«. Bis dahin hatte die Hündin offenbar keinen bzw. nur negativen Kontakt zu Menschen. Die schwer traumatisierte Hündin wurde in ein Tierheim in Rumänien gesteckt und brachte dort die vier Welpen auf die Welt. Es wurde berichtet, dass sie bereits während der Trächtigkeit jedes mal, wenn man ihr Gehege betrat, Panik bekam und defensiv aggressiv reagierte. Ein Freudenfest für die Stresshormone! Dass solcher Stress, wie ihn die Hündin hatte, auch bereits vorgeburtlich Spuren bei den Welpen hinterlässt und dass das Stresszentrum dadurch ein Leben lang sensibler reagiert, ist inzwischen wissenschaftlich belegt. In den ersten Lebenswochen in diesem rumänischen Tierheim wurde die Stressanfälligkeit der Welpen durch das Verhalten der Mutter weiter verstärkt, durch Stimmungsübertragung und Nachahmungslernen bei den Kleinen wurde das panische Verhalten in Anwesenheit von Menschen schnell übernommen. Verhaltensweisen, die in dieser sensiblen Phase wurzeln, können eine derart hohe Unwiderruflichkeit aufweisen, dass sie später nicht nur für den Hund selbst wie angeboren wirken, sondern es durch die Veränderungen im Stresszentrum auch tatsächlich sind.
Im Alter von zwei Monaten kamen Jim, Knopf und die beiden Geschwister dann auf einen Gnadenhof in Deutschland. Dort wurden sie bereits mit zehn Wochen unter dem Deckmantel des Tierschutzes kastriert. Durch die Frühkastration hat man ihnen die Chance auf eine weitere Entwicklung genommen. Dazu kommt, dass (wie wir später noch genauer erfahren werden) das männliche Sexualhormon Testosteron als Gegenspieler des Stresshormons Cortisol solchen Tieren einen Rest an Selbstbewusstsein lässt und den Stress etwas nimmt – oftmals der einzige Rettungsanker für derart traumatisierte Hunde. Und es kam, wie es kommen musste: die Welpen waren bereits in diesem Alter völlig verunsichert, panisch und flüchteten beim Anblick von Menschen schreiend in die letzte Ecke ihres Geheges.
Mit viereinhalb Monaten wurden Jim und Knopf gemeinsam adoptiert, die neue Besitzerin kämpft bis heute mit der extremen Stressanfälligkeit der beiden Brüder. Die beiden anderen Geschwister gelten als nicht vermittelbar und fristen ihr Dasein weiterhin als halbwilde Hunde ohne Kontakt zum Menschen auf dem Gnadenhof.
Auch ohne die Kastration hätten die katastrophalen Startbedingungen diesen Hunden ein Leben lang Steine in den Weg gelegt, aber man hätte eventuell noch eine etwas größere Chance gehabt, ihnen das Leben

Auch bei Straßenhunden gilt: keinesfalls pauschal kastrieren! Eine Sterilisation verhindert unerwünschte Fortpflanzung genauso, hat aber keine negativen Auswirkungen auf das Verhalten.

etwas lebenswerter zu machen und ihr Selbstbewusstsein zu stärken. Diese Chance hätten diese Hunde verdient ... Man sollte auf jeden Fall im Tierschutz über die gängige Praxis nachdenken, alle Tiere sofort zu kastrieren, ohne über die Konsequenzen informiert zu sein, und Alternativen, die es ja durchaus gibt, in Betracht zu ziehen.

Der Fairness halber muss gesagt werden, dass derartige Frühkastrationen auch im Tierschutz glücklicherweise eine unrühmliche Ausnahme darstellen.

Hormone, Verhalten und Regelkreise

6

Hormone, Verhalten und Regelkreise

Obwohl es in unserem Buch »nur« um die Frage der Kastration geht, müssen wir uns mit einer ganzen Reihe Hormone und deren Auswirkungen auf das Verhalten befassen, die nicht direkt zu den Sexualhormonen zählen. Nur so können wir verstehen, warum vieles, was als Kastrationsgrund genannt wird, oft gar kein Grund ist und durch diese Maßnahme überhaupt nicht beeinflussbar ist. Manches kann sich sogar verschlimmern, denn Hormone stehen in einem sehr komplizierten Wechselspiel miteinander. Und die Wegnahme eines Hormons kann an einer ganz anderen Stelle des Körpers oder des Gehirns plötzlich unerwartete Nebenwirkungen zur Folge haben.

Die Besprechung der verschiedenen Verhaltenskomplexe und der ihnen zugrunde liegenden Hormone wiederum ist nur erklärbar, wenn wir uns einige allgemeine Eckdaten zu den Botenstoffen in unserem Körper anschauen. Hormone sind nur eine Gruppe in einer ganzen Reihe verschieden wirkender Botenstoffe, und wir werden es im Folgenden mit mehreren Klassen dieser Botenstoffe zu tun haben.

Echte Hormone

Da sind zum einen die echten Hormone. Es handelt sich dabei um Botenstoffe, die irgendwo im Körper produziert und dann über die Blutbahn verschickt werden. Ihre Spezifität gewinnen sie dadurch, dass an ihren Zielorganen, in den Zellen und Geweben des jeweiligen Körperteils auf den sie wirken sollen, eine Empfängerspezifität vorliegt. Das bedeutet, wer für dieses Hormon empfänglich ist, kann seine Botschaft nutzen und entsprechend seinen eigenen Zellstoffwechsel ändern. Das Hormonsystem entspricht also gewissermaßen einer Radiosendung. Die Botschaft wird hinausgeschickt, beim Radio über Radiowellen, beim Hormonsystem eben über Botenstoffe im Blut. Wer einen Empfänger besitzt, sei es ein Rundfunkgerät oder sei es ein sogenannter Rezeptor an der Zellaußenseite, der kann die Botschaft empfangen und für sich nutzen. Darin liegt auch das Problem des Hormonsystems. Verschiedene Organe können nämlich mit der gleichen Botschaft unterschiedliche Konsequenzen umsetzen, und verschiedene Organe können mit dem gleichen Hormon ganz unterschiedliche, zum Teil sogar entgegengesetzte Wirkungen erzielen.

Noch komplizierter wird die Sache dadurch, dass Hormone in verschiedenen, chemischen Substanzklassen auftreten. Für uns bedeutsam ist dabei die Grobeinteilung in sogenannte wasserlösliche und sogenannte fettlösliche Hormone. Wasserlösliche Hormone können über das Blut jederzeit transportiert werden, denn Blut ist auch eine wasserlösliche Substanz. Sobald sie jedoch an den Zielzellen angekommen sind, benötigen sie eine Bindungsstelle, einen sogenannten Rezeptor an der Zellaußenseite. Eine Zelle ist nämlich von einer fettartigen Substanz, der sogenannten Lipidmembran umgeben, und die kann eine wässrige Substanz nicht passieren. Es Bedarf also eines Rezeptors, und dieser ist nach

dem sogenannten Schlüssel-Schloss-Prinzip spezifisch nur für dieses jeweilige Hormon eingerichtet. Kommt der Schlüssel ins Schloss, kann die entsprechende Wirkung in der Zelle entfaltet werden. Fehlt der Schlüssel, tut sich auf der anderen Seite des Schlosses gar nichts. Dadurch ist die Wirkung dieser wasserlöslichen Hormone zum einen abhängig von der Menge, die ins Blut geschickt wurde. Zum anderen endet die Wirkung sobald die Hormone die Bindungsstellen wieder verlassen haben, sprich sobald die Schlüssel wieder aus dem Schloss herausgenommen wurden.
Zu den wasserlöslichen Hormonen, die für uns von Bedeutung sind, gehören die Eiweißhormone, etwa das Prolaktin, und auch die Katecholamine Adrenalin, Noradrenalin und Dopamin.

Fettlösliche Hormone dagegen müssen im Blut zunächst an eine Trägersubstanz gebunden sein. Nur dann können sie in dieser wässrigen Lösung transportiert werden. Dafür können sie aber, sobald sie an ihrem Ziel angekommen sind, sofort ins Innere der Zelle vordringen, da jede lebende Zelle von einer fettlöslichen Membran umgeben ist. Meist gelangen sie sogar noch weiter und erreichen das Erbgut im Zellkern. Dort können sie dann eine Änderung in der Ablesung des Erbguts, die Produktion anderer Botenstoffe oder sonstige Tätigkeiten der Zelle steuern.

Aus diesem Grund dauert es auch länger, bis fettlösliche Hormone ihre Wirkung entfalten. Während die Wirkung wasserlöslicher Hormone oftmals schon im Millisekunden- bis Sekundenbereich liegt, ist bei fettlöslichen Hormonen in der Regel mit einem ersten Anstieg ihrer Wirkung nach ca. fünf Minuten und mit einem Maximum ihrer Wirkung nach etwa zwanzig Minuten zu rechnen. Umgekehrt ist die Wirkung der fettlöslichen Hormone aber auch viel nachhaltiger. Erst mehrere Stunden nach dem Abklingen der Hormonausschüttung wird auch die Wirkung wieder auf den Basiswert zurückgehen. In bestimmten, sogenannten sensiblen Phasen, oder anderen wichtigen Lebensabschnitten, können fettlösliche Hormone sogar eine bahnende Wirkung entfalten. Dann ist die von ihnen einmalig ausgelöste Verhaltensänderung, die meist auch auf einer Änderung der Aktivierung des Erbguts beruht, sogar monatelang oder unter Umständen lebenslang zu beobachten. Beispiele dafür werden wir gerade im Zusammenhang mit dem Sexual- und Markierverhalten oder auch mit der nachhaltigen Wirkung von unbewältigtem Stress und Cortisolausschüttung kennen lernen. Zu den fettlöslichen Hormonen gehören die echten Sexualhormone, das im Zusammenhang mit der Kastration wichtige Stresshormon Cortisol und eine Reihe anderer, die für unsere Betrachtungen nicht so wichtig sind, aber im Stoffwechsel des Tieres, in der Nierenfunktion oder in anderen Bereichen des Körpers sehr wichtige Aufgaben haben.

Andere Botenstoffe

Neben den klassischen Hormonen haben wir es noch mit einer Reihe anderer Botenstoffe zu tun, die ebenfalls Verhaltens beeinflussend sind. Dazu gehören zunächst die sogenannten Neuromodulatoren, Botenstoffe, die die Wirkung anderer Botenstoffe im Gehirn verstärken oder auch dämpfen können. Dazu gehört beispielsweise auch das später zu besprechende Noradrenalin, das neben seiner eigenen Wirkung als Botenstoff auch noch eine lernverstärkende und reizschwellensenkende Nebenwirkung im Gehirn entfaltet.
Neurotransmitter sind Botenstoffe, die im

Die Analdrüsensekrete setzen sich aus vielen verschiedenen Substanzen zusammen und verraten anderen Hunden eine ganze Menge.

Nervensystem und Gehirn selbst ihre Wirkung von einer Zelle zur anderen entfalten. Kommt eine elektrische Erregung an der Endstelle eines Nervs an, werden dort ebenfalls Botenstoffe ausgeschüttet, die sich dann an der Nachbarzelle wiederum nach dem Schlüssel-Schloss-Prinzip ansetzen und dort wieder die elektrische Erregung auslösen. Hier ist also sozusagen ein dem Telefonsystem entsprechendes Prinzip gültig. Die Information kommt über eine Leitung, und am Ende dieser Leitung sitzt ein Empfänger, der dann diese Botschaft, gegebenenfalls auch spezifisch, empfangen kann. Deshalb sind die Neurotransmitter in ihrer Wirkungsweise meist sehr viel spezifischer und auch schneller. Zu den Neurotransmittern, die uns interessieren, gehört zum Beispiel das Serotonin.

Letztlich müssen auch kurz noch die zwischen verschiedenen Tieren ausgetauschten chemischen Botenstoffe erwähnt werden. Diese sogenannten Pheromone werden in speziellen Duftdrüsen produziert, in die Luft oder auf ein Substrat abgegeben und dann von einem Artgenossen erschnuppert. Meistens wirken sie im Zusammenhang mit der Steuerung entweder des Sozial- oder Sexualverhaltens. Streng genommen ist nicht jeder Duftstoff, der von Tier zu Tier wirkt, auch ein Pheromon. Nur solche Stoffe, die speziell für die Informationsübertragung entstanden sind, werden als Pheromone bezeichnet. Leider hat es sich eingebürgert, in vielen Verhaltens- und anderen Zusammenhängen allgemein von Pheromonen zu sprechen, wenn immer ein Duftstoff von einem Tier zum anderen eine

Verhaltenswirkung entfaltet. Im Zusammenhang mit den Hund sind klassische Pheromone bisher nur in Form des Stress dämpfenden DAP (Dog Appeasing Pheromon) bekannt. Andere Duftstoffe, die etwa aus den Analdrüsen oder im Urin zu finden sind, spielen im Zusammenhang mit der Kastrationsproblematik sehr viel größere Rollen.

Die Sache mit dem Duft

Sehr häufig hört man von Besitzern kastrierter Rüden oder von Hundetrainern, dass die Kastraten auf einmal unwiderstehlich für ihre intakten Artgenossen duften und von diesen entsprechend belästigt und bestiegen werden – für viele Kastraten ein Problem!

Die Vermutung, dass die unterschiedliche Attraktivität von kastrierten Hunderüden für unkastrierte männliche Artgenossen etwas mit der Jahreszeit der Kastration zu tun hat, bezieht sich auf Untersuchungen an Rotfüchsen, Wölfen und Kojoten, und wird gestützt durch einige ergänzende Befunde an Haushunden.

Sowohl im Sekret der Analbeutel als auch im Urin von männlichen und weiblichen, sowohl intakten als auch kastrierten Tieren der genannten Arten konnten jahreszeitliche Unterschiede in der Konzentration bestimmter Duftstoffe festgestellt werden.

Zunächst zu den Analbeuteln

Bevor eine genauere Darstellung der jahreszeitlichen Unterschiede erfolgt, sollte nochmals betont werden, dass das Sekret der Analbeutel sich zum Teil aus den Stoffwechselprodukten von dort angesiedelten Bakterien zusammensetzt. Mehrere Studien konnten zeigen, dass sich nach Antibiotikagabe nicht nur die Bakterienzusammensetzung, sondern damit auch die Duftstoffzusammensetzung geändert hat. Auch das könnte also ein weiterer Hinweis auf eine unterschiedliche Attraktivität verschiedener Hunde für anales Beschnüffeln sein.

Im Bezug auf die Duftstoffe zeigt sich folgendes: Bei einer Untersuchung an Wölfen wurden Konzentrationsunterschiede zwischen Februar (= Paarungszeit) und August festgestellt. Der Bestandteil Benzaldehyd beispielsweise war im Februar bei intakten Weibchen höher als bei intakten Rüden, im August bei intakten Rüden höher als bei intakten Weibchen. Der Bestandteil war bei kastrierten Rüden im August niedriger als bei intakten. Gleiches gilt für die Alkansäuren. Vergleichbare Befunde am Rotfuchs, wenn auch ohne kastrierte Studienteilnehmer, sowie an Haushunden, wenn auch ohne jahreszeitlichen Bezug, zeigen immer wieder, dass die Geschlechtsunterschiede in der Duftstoffzusammensetzung deutlich sind, und wohl auch mit dem Fortpflanzungszustand zusammenhängen.

Bezüglich der Duftstoffe im Urin wurden ebenso beim Rotfuchs zwischen intakten Rüden und weiblichen Tieren Konzentrationsunterschiede etwa wiederum beim Benzaldehyd, verschiedenen Sulfiden und Terpenen festgestellt. Bei manchen Methylsulfiden steigt die Konzentration zur Paarungszeit bei intakten Rüden stärker an als bei anderen Gruppen und sowohl bei kastrierten Weibchen wie auch kastrierten Rüden steigt die Konzentration dieser Duftstoffe nach Gabe von künstlichen Sexualhormonen. Auch bei Wölfen ist ein

Methylsulfid bei intakten Rüden ein Monat nach der Paarungszeit am höchsten. Der Bestandteil Acetophenon ist bei intakten Wölfinnen und kastrierten Rüden höher als bei intakten Rüden. Manche aliphatische Ketone sind bei intakten Rüden höher als bei Kastraten, manche Stoffe, die bei intakten Weibchen höher sind als bei kastrierten Rüden steigen bei den kastrierten Rüden nach Gabe von Testosteron an. Auch bei Kojoten liegen vergleichbare Befunde vor. Jenseits der chemischen Details ergibt sich daraus das Bild, dass kastrierte Rüden zumindest in manchen Jahreszeiten eine ähnliche Duftstoffzusammensetzung im Urin und auch im Analdrüsensekret haben wie Weibchen. In manchen Duftstoffen dreht sich ja bekanntermaßen die Konzentration zwischen intakten Weibchen und intakten Rüden auch im Jahreszyklus um. Die Vermutung, die allerdings durch systematische Umfragen bestätigt werden müsste, liegt nahe, dass Rüden, die zu bestimmten Zeiten kastriert werden, in ihrer Duftstoffkonzentration auf diesem Stadium sozusagen festgeklemmt werden. Das könnte ein Grund für die unterschiedliche sexuelle Attraktivität dieser Rüden für intakte Artgenossen sein.

Zur Steuerung der Hormonausschüttung müssen wir uns auch noch mit einem weiteren allgemeinen Prinzip der Botenstoffwirkung beschäftigen – dem Regelkreis. Um Regelkreise allgemein zu verstehen, wenden wir uns zunächst einem einfachen technischen Beispiel zu, der Steuerung der Raumtemperatur über einen Thermostat. Wie die Abbildung auf S. 58 zeigt, bedarf es dazu mehrerer Elemente, die in einem Schaltzusammenhang miteinander stehen. Zunächst muss eine sogenannte Sollwertvorgabe erfolgen, man muss ja wissen, wie warm es in diesem Zimmer eigentlich werden soll. Diese Sollwertvorgabe wird dann in einen Regler eingegeben, das heißt, man dreht den Drehknopf bis auf die entsprechende Gradangabe. Dieser Regler hat nachgeschaltet eine Reihe von sogenannten Stellgliedern, das sind in unserem Heizungsbeispiel die Heizkörper. Die Außentemperatur und andere Faktoren, etwa auch ein Feuer im offenen Kamin, sind die sogenannten Störgrößen. Diese sorgen dafür, dass die Raumtemperatur, der Ist-Wert, immer wieder vom gewünschten Soll-Wert abweicht. Dies wird über ein Messglied, beispielsweise ein Thermometer gemessen und an die zentrale Steuereinheit zurückgemeldet. Weicht der Ist-Wert vom Soll-Wert nach unten ab, kommt der Befehl zum stärkeren Heizen. Weicht der Ist-Wert vom Soll-Wert nach oben ab, wird die Heizung gedrosselt. Dieses einfache Regelkreissystem entspricht nicht ganz dem, das wir im Hormonsystem finden. Das Hormonsystem ist deshalb etwas komplizierter, weil bisweilen mehrere Hormondrüsen hintereinander geschaltet sind, und es dann kurze und lange Rückkopplungsschleifen geben kann. Wir werden dies beispielsweise im Zusammenhang mit der Steuerung des Stresshormons Cortisol genauer sehen. Aber im Großen und Ganzen kann man durchaus mit diesem einfachen Modell erklären, weshalb jeder Eingriff in das Hormonsystem immer mit Nachwirkungen verbunden ist. Nimmt man ein Hormon und seine Drüse weg, kommt unter Umständen nicht nur dieser, sondern auch andere damit verbundene Regelkreise ins Schleudern. Fügt man ein Hormon zu, zum Beispiel durch eine Cortisongabe, werden ebenfalls nicht nur die Ist-Werte im Körper erhöht, sondern durch kompli-

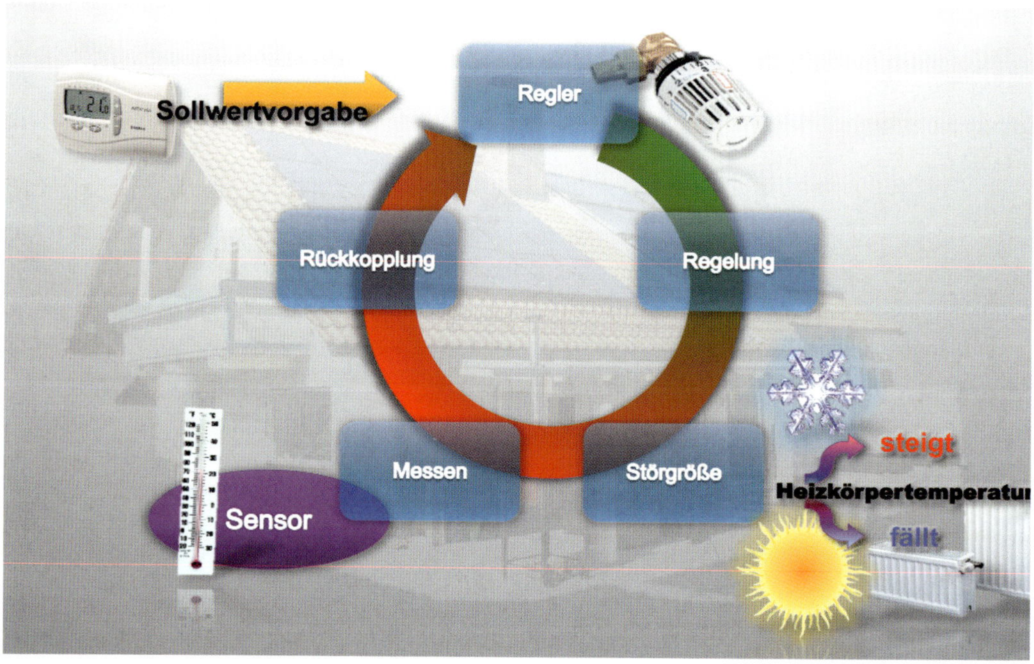

Regelkreis am Beispiel einer Heizung.

zierte Rückkopplungen wird dann eventuell auch der Soll-Wert beeinflusst. Dies kann zum Beispiel bei der ausschließlichen oder häufigen Fütterung von Kehlkopffleisch geschehen, wenn durch die damit zugefütterten Schilddrüsenhormone den gesamten Regelkreis der Schilddrüse beim Hund durcheinanderbringen.

Man kann ein Hormonsystem auch durch äußere Einflüsse ins Ungleichgewicht bringen, wenn man bestimmte Zwischenstufen zufügt oder blockiert. Auch hierfür lässt sich mit Hilfe des Heizungsbeispiels eine Erklärung finden: Wenn Sie in einem zentral geheizten Raum plötzlich ein großes offenes Feuer anzünden, oder einen offenen Kamin anfeuern, wird sich binnen kürzester Zeit die Temperatur der Heizradiatoren drastisch absenken. Erlischt dann das Holzfeuer wieder, dauert es eine ganze Zeit lang, bis die Heizradiatoren wieder anspringen. Die Raumtemperatur wird erst mal kurzfristig sehr stark absinken. Erst danach stellt sie sich wieder auf den Soll-Wert ein. Öffnen Sie dagegen das Fenster und es strömt sehr viel kalte Luft ein, wird die Heizung stark angefeuert. Nach dem Schließen des Fensters wird es dann plötzlich zu warm im Zimmer. Deshalb sollte man ja im Winter vor dem Lüften die Heizung herunterdrehen. Und deshalb ist auch bei der alten, bekannten Scherzfrage: Was passiert wenn Sie die Kühlschranktür offen lassen? Die Antwort: Es wird wärmer im Raum und nicht etwa kälter. Beide Eingriffe, das Anzünden eines offenen Feuerchens wie auch das Öffnen der Fenster bei kalter Außentemperatur, entsprechen den Eingriffen, mit denen man zum Beispiel zu diagnostischen Zwecken auch im Hormonsystem arbeitet. Der erst genannte Eingriff, das Anzünden des Holzfeuers im

Zimmer, entspricht dem Prinzip der sogenannten Downregulation, das wir beispielsweise im Zusammenhang mit der sogenannten chemischen Kastration nochmals kennen lernen werden. Das Öffnen des Fensters und das damit verbundene Hereinströmen kalter Luft ist die sogenannte Hormon-Challenge, die bei Verdacht auf Hormondrüsenerkrankungen in der medizinischen Diagnostik angewendet wird.

Noch etwas komplizierter wird die Sache dann in der Realität dadurch, dass manche hormonellen Regelkreise sich auch noch gegenseitig beeinflussen. So ist beispielsweise das gleich zu besprechende Prolaktin auch abhängig von der Konzentration der Schilddrüsenhormone. Und die Schilddrüsenhormone wiederum stehen in einer engen Wechselwirkung mit den Stresshormonen. Diese Zusammenhänge machen die Interpretation von Hormon- und Verhaltensdaten immer wieder zu einem Detektivspiel ...

Hormone und Botenstoffe aus Gehirn und Nervensystem

Wir arbeiten uns nun sozusagen im Hund von oben nach unten durch und besprechen die verschiedenen Gruppen von Hormonen und ihrer Verhaltenswirkungen nach der Lage im Körper des Tieres. Bei den Geschlechtsorganen kommen wir erst ganz zum Schluss an. Das ist durchaus beabsichtigt. Auch dabei wollen wir nochmals zeigen, dass viele der als Kastrationsgrund angenommenen Verhaltensänderungen eben nichts mit den Sexualhormonen zu tun haben.

Prolaktin (das sogenannte Elternhormon)

Prolaktin ist ein Eiweißhormon, also ein wasserlösliches Hormon aus der Hirnanhangsdrüse. Es hat eine ganze Reihe von wichtigen Wirkungen, insgesamt sind angeblich etwa 200 Funktionen des Prolaktins beschrieben worden. Bekannt ist es für seine Rolle bei der Milchbildung von Säugetieren, aber es tritt auch bei Fischen, Amphibien, Reptilien und Vögeln auf, die alle keine Milch bilden. Und es tritt eben nicht nur bei weiblichen, sondern auch bei männlichen Tieren auf. Weibchen von verschiedenen Säugetieren haben bereits vor der Geburt ihrer Jungen erhöhte Prolaktinwerte, denn Prolaktin ist wichtig für mütterliches Verhalten. Sinnvollerweise reguliert also das gleiche Hormon auch mütterliches Verhalten und Milchbildung. Aber auch bei männlichen Säugetieren spielt Prolaktin eine wichtige Rolle. Bei allen Säugetierarten (sowie auch Vögeln und Fischen), bei denen sich männliche Tiere mit um den Nachwuchs kümmern, ist auch das Prolaktin beteiligt. Damit steuert das Prolaktin auch männliches Brutpflegeverhalten. Und hier kommen wir wieder zum Hund. Schließlich sind Hundeartige ja unter den Säugetieren dadurch ausgezeichnet, dass sie eine nahezu obligate männliche Beteiligung an der Aufzucht der Jungtiere besitzen. Männliche Rudelmitglieder, und keineswegs nur die leiblichen Väter, spielen mit den Welpen, bewachen und erziehen sie, bringen Futter zum Bau und haben eine Vielzahl anderer Aufgaben. Zugleich, und auch dafür scheint das Prolaktin verantwortlich zu sein, ist diese Brutbetreuung aber auf die Jungtiere des eigenen Rudels beschränkt. Jungtiere eines anderen Rudels werden oftmals heftig angegriffen, als Konkurrenten des rudeleigenen Nachwuchses sogar getötet. Dies ist der sogenannte Infantizid. Und auch der ist bei vielen Hundeartigen weit verbreitet und keineswegs nur, wie man immer glaubte, eine Frage von Rangordnungsdiskussionen unter trächtigen und

Kind und Hund, ein tolles Team. Aber Achtung, manche Hunde neigen bei Anwesenheit von familieneigenem Nachwuchs zu verstärkter Aggression gegen fremde Jungtiere!

säugenden Wölfinnen. Auch bei anderen Säugetieren ist die Kombination aus Brutpflege und Infantizid bekannt. Vielfach geht es dabei zunächst einfach nur um die Lage des Ortes, an dem man das Jungtier antrifft. Sind die eigenen Jungen noch so klein, dass sie das Nest nicht verlassen, werden alle Jungen angegriffen, die außerhalb des eigenen Nestes gefunden werden. Erst in dem Alter, in dem die Jungtiere beginnen das Nest zu verlassen, schwenkt der Mechanismus um, und dann werden persönlich bekannte Jungtiere betreut und Fremde angegriffen. Das diese Mechanismen auch bei Hunden wirksam sind, bestätigen Berichte vieler Halter und Züchter, wonach ein Hund, und zwar oft gerade der absolut friedliche und freundliche Familienhund, fremde Welpen, Junghunde, aber auch menschliche Kinder unfreundlich attackiert, sobald ein eigenes Baby oder ein eigener Welpe im Haus ist. Umgekehrt kann die Prolaktinproduktion aber durch Außenreize, wie etwa das Kindchenschema, oder Geruchsreize, auch sehr stark angeregt werden. Nahezu in jedem Seminar, in dem wir über dieses Thema berichten, melden sich mehrere Teilnehmerinnen, die berichten, dass in den ersten Monaten ihrer eigenen

Prolaktin und Kindchenschema sorgen sogar bei einem Jagdhund für mütterliche Gefühle

Schwangerschaft ihr Hund sich plötzlich im Verhalten total verändert und ihren Umkreis erheblich heftiger gegen Eindringlinge verteidigt hat, als dies vorher der Fall war.

Bei Wölfen ist auch im Versuch nachgewiesen, dass der Anstieg des Prolaktins im Frühjahr bei kastrierten Rüden genauso stark ist wie bei intakten, und dass auch unabhängig von der Rangordnungsposition, ja sogar unabhängig von der Anwesenheit weiblicher Tiere, jeder Wolfsrüde im Frühjahr diesen Prolaktinanstieg hat.

Noch etwas komplizierter wird die Sache dann durch Wechselwirkungen mit dem Testosteron (siehe unten). Insbesondere bei Säugetiermännchen scheint eine geringe Menge Testosteron mit dem Prolaktin aus der Hirnanhangsdrüse zusammen eine fördernde Wirkung auf das Brutpflege- und Jungtierbetreuungsverhalten zu haben. Eine große Menge Testosteron dagegen unterdrückt das Prolaktin, Machos sind also schlechtere Väter als Weicheier. Dies wiederum lässt sich durch viele Erfahrungsberichte von Hundehaltern bestätigen: Kastrierte Rüden reagieren durch die Prolaktinwirkung viel stärker als intakte. Die geringe Menge Testosteron aus der Nebennierenrinde (siehe oben) und das Prolaktin aus der Hirnanhangsdrüse sind also hier die optimale Mischung für das Brutpflege-, das Jungtierverteidigungs- und gegebenenfalls auch das Infatizidverhalten.

Bereits daraus können wir entnehmen, dass Verhaltensweisen von gesteigerter Aggression oder Unfreundlichkeit bei Anwesenheit von Jungtieren eben nicht oder sogar negativ durch die Kastration beeinflussbar sind.

Kleines Hormon mit großer Wirkung: Andra, die Prolaktinschleuder ...

Gestern war dann mal wieder einer dieser Tage. Wir waren arglos spazieren und haben auf einer Wiese ein Päuschen eingelegt, um auf den entschleunigten türkischen Canis autisticus zu warten, der es wie immer nicht allzu eilig hatte. Weil Brut- und Setzzeit ist, dürfen meine jagdlich durchaus ambitionierten Beagles Wiesen, die höher sind als der Bonsai Piccolo (Chihuahua-Mix), nicht betreten. Aber diese Wiese war in meinen Augen harmlos. Während wir also warteten, durften die Beagles und Piccolo ein paar Leckerchen suchen. Alles wie immer, trügerische Ruhe ... bis Andra, die Beagledame auf einmal aufgeregt schnüffelnd um ein Grasbüschel herum lief. Auch noch normal war, dass die anderen drei (der Canis autisticus taucht bei so was immer blitzschnell aus dem Nichts auf) natürlich sofort schauen mussten, was es da denn Spannendes gibt – wenn es um spannende Dinge geht, hat mein Rudel nämlich die perfekte Arbeitsteilung: man hält sich gegenseitig im Auge und bei Anzeichen von spannenden Dingen sind alle sofort da. Nicht normal ist allerdings, dass Andra, ihres Zeichens diejenige, die am Wenigsten zu sagen hat und jedem Stress normalerweise aus dem Weg geht, auf einmal anfing zu knurren und alle anderen fern zu halten. Da musste ich dann doch mal schauen gehen, was da eigentlich los ist. Häschen waren los, zwei Handvoll Feldhasenjunge, die die Mutter unter einem Grasbüschel abgelegt hatte. Hasenmütter sind nämlich Rabenmütter und kommen nur ein paar mal am Tag, um nach dem Nachwuchs zu schauen. Das Glück der Beiden war, dass ausgerechnet Andra darüber gestolpert ist, und Andra ist alles andere als eine Rabenmutter – sie wird bei Jungtieren jeglicher Art zur Löwenmutter. Bewiesen hat sie das zu meiner Großtierärztinnen-Zeit bereits als mehrfache Katzenadoptivmama, einer jungen Krähe hat sie sich schon angenommen und letztes Jahr erst war für Andra den ganzen Sommer über Weihnachten, weil sie sich um zwei verwaiste Steinmarderwelpen kümmern durfte. Auch die Kälbchen, denen wir zu Großtierarzt-Zeiten auf die Welt verhelfen mussten, hat sie immer mit Hingabe trocken geschleckt. Aber bei den Hasen war ich mir nicht ganz sicher, denn sie ist und bleibt ein Beagle, ein Beagle der seinen Job sehr ernst nehmen würde, wenn er denn dürfte. Meine Sorge war nicht berechtigt, bis ich kam, waren die Häschen schon patschnass – vom Abschlecken. Herr Meier, der Beaglerüde, wollte also auch mal schauen, was da geboten ist und wurde sofort weggeknurrt – was er auch klaglos hinnahm und sich wieder seinem Mauseloch zuwendete. Der Canis autisticus versuchte 2–3 mal die Hasen zum Spielen aufzufordern,

Beagle-Hündin Andra

fand das aber auch schnell langweilig, beziehungsweise es nicht wert, sich deswegen mit Andra in die Haare zu kriegen, die ihrerseits unter normalen Umständen lieber prophylaktisch sterben würde, als sich mit Güneş in die Wolle zu bekommen. Aber ihre knurrenden Drohungen waren unmissverständlich. Einzig den Häschen an den Kragen wollte Piccolo, der beim Anblick der Zwei seine guten Manieren schlagartig vergaß und beschloss, kein Canis etepetetus mehr sein zu wollen. Aber auch er hatte die Rechnung ohne Andra gemacht, die sich Zähne fletschend zwischen die Kleinen und den Kleinen stellte. Keine Chance für Piccolo. Nachdem das geklärt war, legte sich Andra weiter drohend vor die Jungen und schaute mir sehr skeptisch dabei zu, wie ich die Kleinen untersuchte, ob auch wirklich nichts passiert ist. War es nicht, puuuh …

Auch Nachbarhund Ronny, unter normalen Umständen eine absolute Respektsperson, wurde in die Flucht geschlagen, als er mal schauen wollte, was denn geboten ist. Andra war also ganz zufrieden mit der Welt und hatte Herzchen in den Augen – ich hingegen hatte ein Problem: gerüchteweise gehen ja Wildtiere nicht mehr an ihre Jungen, wenn Hunde- oder Menschenduft an ihnen haftet. Aber ein Anruf bei einer Wildtierauffangstation brachte die Gewissheit, dass man die Tiere am besten dort lässt, wo man sie findet. Noch einmal »puuuhhh«,

Andra als Katzenersatzmutter.

denn der »Nachts-aufstehen-und-Hasenbabies-mit-der-Flasche-aufziehen-Kelch« war ebenso an mir vorbeigegangen wie der »Wochenlang-eine-vor-lauter-Muttergefühlen-zu-nichts-anderem-mehr-zu-gebrauchende-Hündin-haben-Kelch«. Als letztes Jahr die Marder bei uns eingezogen waren, weigerte sich Andra wochenlang, das Haus zu verlassen.

Ein dickes Dankeschön an dieser Stelle an die Mitarbeiter von Wildtierauffangstationen, die einem auch am Wochenende mit Rat und Tat zur Seite stehen! Und ein Tipp an alle, deren Hunde ähnliche Ambitionen haben: Wildtiere gehören in die Natur, sie mitzunehmen entspricht dem Tatbestand der Wilderei und ist außerdem nicht zielführend. Auch Hasen-Rabenmütter kümmern sich um ihren Nachwuchs, nur nicht so oft.
Der Heimweg war dann auch noch ein großes Drama, denn Andra stemmte sich in die Leine, warf herzzerreißende Blicke nach hinten und sah eigentlich gar nicht ein, dass sie ihren eben gefundenen Schatz schon wieder alleine lassen sollte. Und zuhause stand sie noch stundenlang jammernd am Gartentor – ihr Vertrauen in die Qualitäten von Hasenmüttern scheint nicht allzu groß zu sein.

Wer das letzte Kapitel aufmerksam gelesen hat weiß, wem das alles zu verdanken ist: einem kleinen und an sich harmlosen

Beaglehündin Andra mit einem der Feldhasenjungen. Prolaktin macht's möglich!

Eines der beiden Feldhasenjungen, dank Andra unverletzt!

Hormon, dem Elternhormon Prolaktin. Da es mit den Sexualorganen nichts zu tun hat, sondern aus dem Gehirn stammt, ist also auch eine kastrierte Hündin, die nie Welpen gehabt hat und nicht mal eine »gute Welpenstube« vorzuweisen hat bei Anwesenheit entsprechender äußerer Reize (in diesem Fall das Kindchen- bzw. Häschenschema) in der Lage, schlagartig in die Scheinmutterschaft zu verfallen. Zum Milcheinschuss kommt es bei Andra zum Glück nicht, aber ein geschwollenes Gesäuge kann sie nach Kontakt mit Jungtieren regelmäßig aufweisen, das hatten wir auch bei den Mardern, den Kätzchen, etc. Und dass zum Brutpflegeverhalten auch die Verteidigung der eigenen oder anderer Jungtiere gehört, hat Andra den anderen deutlich gezeigt. Trotz Kastration.

PS: Die Häsin ist wiedergekommen, ich habe mich auf die Lauer gelegt. Hoffentlich passt sie in Zukunft etwas besser auf ihren Nachwuchs auf, denn nicht jeder Hund mutiert beim Anblick von Jungtieren zur Prolaktinschleuder!

Oxytocin und Vasopressin – Bindung und Eifersucht

Eine weitere Gruppe von Verhaltensweisen, die man sehr oft und missverständlich dem Sexualverhalten im weitesten Sinne zuordnet, betrifft

Auch beim Spiel wird Oxytocin gebildet.

den Bereich von Bindungsverhalten und der daraus resultierenden Ablehnung bindungsfremder Störenfriede, gemeinhin als Eifersucht bezeichnet. Verantwortlich für diese vielfältigen Effekte einer individuellen Partnererkennung sind zwei Hormone, nahe chemisch verwandt, aus der Hirnanhangsdrüse: das Vasopressin und das Oxytocin. Während das Vasopressin zum Teil aggressive Reaktionen verursacht, eben die Partnerschutzfunktion und die Eifersuchtsreaktion, ist das Oxytocin unter anderem für die positiven Aspekte einer sozialen Beziehung zuständig, nämlich für Stressdämpfung und die sogenannte soziale Unterstützung. Die schlechte Nachricht dabei ist, dass Vasopressin die notwendige chemische Vorstufe des Oxytocins ist. Das Vasopressin als sogenanntes Eifersuchtshormon ist also immer das Durchgangsstadium zum Bindungshormon Oxytocin. Keine Bindung ohne Eifersucht – und andersherum.

Vasopressin ist jedoch nicht nur für die Eifersuchtsreaktion zuständig. Es ermöglicht auch die individuelle Erkennung des Partners, und es hat, über verschiedene Rezeptoren im limbischen System, dem Emotionsgehirn, einen direkten Eingang aus dem Jacobsonschen Organ. Dort wird beispielsweise auch die Anwesenheit von Entzündungsfaktoren im Körpergeruch eines Artgenossen wahrgenommen und über die genannten Verbindungen an entsprechende Rezeptoren des Vasopressinsystems weitergegeben. Auch die indi-

Oxytocin, das sogenannte Kuschelhormon, sorgt für die Bindung – auch unter Hunden.

viduelle Erkennung eines persönlich gebundenen Partners scheint zumindest teilweise über die Verbindungen aus dem Jacobsonschen Organ in das Emotionsgehirn zu funktionieren. Vasopressin wiederum aktiviert durch Querverbindungen das Noradrenalinsystem (siehe unten), und ist dadurch eben auch für die aggressive Ablehnung eines Störenfrieds in der Zweisamkeit verantwortlich. Beide Hormone werden im Boden des Zwischenhirns, dem Hypothalamus gebildet, und dann entweder an die Hirnanhangsdrüse weitergegeben und von dort über den Blutkreislauf verteilt, oder direkt als Transmitter ins Gehirn weitertransportiert.

Das Bindungshormon Oxytocin war schon lange in seiner Rolle in der Geburtsvorbereitung bekannt. Der Name kommt aus dem Griechischen und bedeutet »schnelle Geburt«. Es lässt die Milch einschießen, reguliert die Wehentätigkeit und ist im Umkreis des Geburtsvorganges bei vielen Tieren vorhanden. Es reguliert jedoch auch die nachfolgende persönliche Erkennung der Jungtiere durch die Mutter, und wie man mittlerweile von vielen Studien weiß, wird es auch immer dann bei älteren und erwachsenen Tieren ausgeschüttet, wenn durch die Anwesenheit oder den Kontakt zu einem bevorzugten Beziehungs- oder Bindungspartner eine Wohlfühlwirkung entsteht. Oxytocin wird außerdem als »hormoneller Sozialkleber« bezeichnet. Auch im Zusammenhang zwischen Mensch und Hund wurde nachgewiesen, dass beispielsweise der Blickkontakt oder die Spielaufforderung eines Hundes, an den eine Bindung besteht, dem Menschen einen höheren Oxytocinspiegel verschafft. Umgekehrt ist es ebenso, auch Wohlfühlmassagen und andere persönliche und positive Kontakte des Menschen können beim Hund den Oxytocinspiegel erhöhen. Da aber die Produktion immer durch den Zwischenstand des Vasopressins gehen muss, besteht auch die Gefahr, dass ein Teil des dabei entstehenden Botenstoffes abgezweigt wird und dann zu Eifersuchtsreaktionen führt. Untersuchungen am Menschen zeigen, dass die Empfindlichkeit der Gehirnregionen und die Menge der produzierten Stoffe der Oxytocin-Vasopressinklasse individuell sehr unterschiedlich sein kann. Ob dies durch Vorerfahrungen, geringfügige genetische Unterschiede oder eine Kombination beider Ursachen (wohl wahrscheinlichst!) entsteht, ist selbst beim Menschen noch nicht klar. Die feinfühligen Unterschiede im System der Steuerung sozialer Bindungen und Beziehungen lassen sich jedoch durch solche minimalen Unterschiede in der Empfindlichkeit und Anwesenheit der genannten Botenstoffe leicht verstehen. Auch bei anderen paargebundenen Tieren wurde eindeutig nachgewiesen, dass die Verhinderung oder Verringerung der Oxytocinwirkung, sei es durch die Blockade der einschlägigen Rezeptoren oder durch die Unterbindung der Ausschüttung, zu einem weniger beziehungs- und bindungsfähigen Tier führt. Die Unterdrückung der Oxytocinrezeptoren ist es auch, die beispielsweise die Bindungsfähigkeit aufhebt und aus einem eigentlich paargebundenen, monogamen Tier einen promisken und bindungsunfähigen Hallodri macht, der nun plötzlich auf One-Night-Stands steht. Dies bezieht sich aber nicht nur auf die sexuell motivierte Paarbindung. Wenn bei Mäusen die Oxytocinwirkung unterdrückt wird, erinnern sie sich auch nicht mehr in anderem Zusammenhang an ihre Artgenossen. Sie lernen sozusagen jeden Tag neue Leute bzw. Mäuse kennen, ohne jemals einem Fremden zu begegnen. In vielen Fällen ist das später noch zu besprechende Dopamin mit an der persönlichen Erkennung des Partners beteiligt. Das Vasopressin wiederum, das in seiner Wirksamkeit meist bei männlichen Tieren verstärkt ist, ist nicht nur für Partnerbewachung und Eifersucht, sondern auch für die väterliche Brutpflege und eine individuelle Partnerbevorzugung bei männlichen Tieren mitverantwortlich. Auch hier ist die hundliche Anwendung, insbesondere im Zusammenhang mit Kastrationsfragen deutlich zu sehen. Wenn Oxytocin und Vasopressin nicht nur die positiven Wirkungen sozialer Bindungen, wie etwa Stressdämpfung, allgemeine Wohlfühlatmosphäre und ähnliche Auswirkungen haben, sondern auch den Schutz des Partners vor Angriffen aus der Umwelt beziehungsweise den Schutz der Beziehung durch Verteidigung des Partners gegen mögliche Rivalen bewirken, dann sind Hunde, die ihre Halter/innen eifersüchtig bewachen, eben auch nicht durch eine Kastration beeinflussbar. Die genannten Geschlechtsunterschiede in der Ausprägung der Oxytocin- und vor allem Vasopressinaktivitäten sind zwar auch bei paarweise lebenden Tieren nachweisbar, hierbei handelt es sich jedoch nicht um unmittelbare Auswirkungen des akuten Testosteron- und Östrogenspiegels, sondern um aus der Genetik stammende, und damit wahrscheinlich auch schon vorgeburtlich angelegte beziehungsweise vorbereitete Unterschiede. Ein Wegnehmen der Sexualhormone im erwachsenen Zustand ist hier ganz offensichtlich nicht erfolgreich, um solche Verhaltensweisen zu beeinflussen. Auch die individuellen Unterschiede, die, wie man aus Studien an paarweise lebenden Wühlmäusen und anderen Tiermodellen weiß, mit der unterschiedlichen Konzentration von Bindungsstellen und Botenstoffen zu tun haben, sind offensichtlich durch früheste Erfahrungen und bisweilen auch durch vorgeburtliche und/oder genetische Einflüsse bedingt, und nicht durch den aktuellen Spiegel an Sexualhormonen.

Vasopressin entzündet die Partnerschutzverteidigung – wie drei Kilogramm Hund über sich hinauswachsen

Leider hatte mich ein Jahr lang ein schwerer Rheumaschub fest im Griff. Jeden Tag waren andere Gelenke dick, schmerzhaft und bewegungseingeschränkt, so dass ich dieses Jahr gezwungenermaßen auf der Couch verbringen musste. Klar, dass das auch an meinen Hunden nicht spurlos vorbeigegangen ist: Die Auslastung wurde zum Problem, die Stimmung war dank der Dauerschmerzen nicht die beste, und wie sich durch Stimmungsübertragung Hunde beeinflussen lassen, hat wahrscheinlich jeder Hundebesitzer selber bereits erlebt. Selbst die an und für sich unerschütterlich optimistischen Beagles litten mit und waren nicht nur sehr gereizt, sondern auch schnell weg … Sie nutzten die temporäre Unfähigkeit des Frauchens schamlos aus und waren nur noch im Jagdmodus. »Gehen Sie nicht über Los, sondern direkt zur Schleppleine!« war plötzlich nach vielen leinenlosen Jahren wieder das Motto.
Anders Piccolo, mein drei Kilogramm-28-

Chihuahua-Mix Piccolo

Piccolos Lieblingsplatz: ganz nah bei Frauchen.

Zentimeter-Chihuahua-Mix, der sowieso seit der ersten Sekunde der Meinung ist, mit mir (Gardemaß 188 cm) verheiratet zu sein. Dass dafür das Vasopressin verantwortlich ist, war im vorangehenden Teil bereits zu lesen. Aber in der Regel führen wir eine recht harmonische Beziehung. Darum war ich sehr verwundert als ich feststellte, dass der Zwerg an manchen Tagen ohne für mich erkennbare Ursache anfing, mich massiv zu verteidigen und meinen Freund und die anderen Hunde von mir wegzubeißen. Das Schreiben eines Tagebuches brachte die Lösung: Auch in diesem Schub gab es bessere und schlechtere Tage, und der Stelzenhamster hatte tatsächlich jeweils vor einem »Schub im Schub« bereits Vorsicht walten lassen und auf mich aufgepasst. Ich konnte mich tatsächlich darauf einstellen, dass ich durch Schmerzmittel vorbeugen musste, wenn mein Hund wieder Alarm schlug. Rührend, auch wenn das natürlich nicht sein Job ist und ich ihm, sofern ich dazu in der Lage war, klar gemacht habe, dass ich durchaus selber auf mich aufpassen kann.

Was ist die Erklärung? Das Vomeronasalorgan (auch Jacobsonsches Organ genannt), das sich bei vielen Säugetieren beidseits der Nasenscheidewand befindet und als Geruchsorgan vor allem für die Erkennung von Duftstoffen, z. B. im sozialen Kontext zuständig ist, erkennt auch bestimmte Entzündungsfaktoren (Formylpeptide, die auch an der rheumatischen Entzündungsreaktion beteiligt sind) und meldet diese an das limbische System, das sogenannte Emotionsgehirn. Auf der anderen Seite hat das Vomeronasalorgan aber auch spezielle Verbindungen zu Arealen im Gehirn, die die Vasopressin-Rezeptoren besitzen, die für die Bindung und die Individualerkennung des Bindungspartners verantwortlich sind. Diese brisante Kombination entzündete bei Piccolo die explosive Partnerschutzverteidigung. Aber, wie auch schon besprochen, ohne Bindung keine Eifersucht und andersrum, und darum freue ich mich über diese Liebeserklärung meines kleinen Hundchens.

Serotonin, der natürliche Stimmungsaufheller des Gehirns

Serotonin, das sowohl als Botenstoff im Gehirn als auch als Hormon an der Steuerung der Verdauungstätigkeit beteiligt ist, wird in sehr vielen Untersuchungen mit aggressivem Verhalten in Verbindung gebracht. Die Befunde scheinen dabei manchmal etwas widersprüchlich. Zu einem gibt es eine Reihe von Studien, auch durch Untersuchungen an wegen Aggressivität eingeschläferten Hunden, die zeigen, dass ein erhöhter Spiegel an Serotonin mit einer geringeren Aggressivität gekoppelt ist. Man fand bei diesen Hunden im Vergleich zu den Gehirnen und der Rückenmarksflüssigkeit anderer, nicht aggressiv auffällig gewesener eine geringere Konzentration an Serotonin im Gehirn und in der Rückenmarksflüssigkeit. Die Rezeptoren, also die Bindungsstellen für Serotonin, sind bei diesen Hunden an manchen Stellen des Gehirnes erhöht, an anderen verringert. Diese Erhöhung der Rezeptordichte erklärt man sich damit, dass die geringe Serotoninkonzentration sozusagen die Nachfrage derartig stark erhöht und dadurch eine Hochregulation der Rezeptorbindungsstellen fordert.

Andererseits sind, vergleichbar den Untersuchungen an genetisch veränderten Mäusen und genetisch erkrankten Männern, auch bei manchen Hunderassen (Cocker Spaniel, Retriever) erhöhte Serotoninwerte mit einer erhöhten Aggressivität verbunden. Bei Hunden wird die sogenannte Cocker- und Retrieverwut mit dem gleichen genetischen Defekt in Verbindung gebracht, der bei Mäusen und Menschen bereits nachgewiesen ist. Hierbei ist durch einen auf dem Geschlechtschromosom angesiedelten (jedoch mit den Geschlechtshormonen nicht verbundenen!) Gendefekt die Wiederaufnahme beziehungsweise der Abbau des Serotonins an den Bindungsstellen im Gehirn verlangsamt. Die dabei ansteigenden Serotoninwerte führen dann zu anfallsartigen Wutausbrüchen mit Aggressionsattacken.

Offensichtlich sind die Zusammenhänge nicht zuletzt deshalb komplizierter, weil es noch eine zweite Stelle gibt, an der Serotoninbindungsstellen sitzen. Nicht nur am Ende, auch am Anfang einer Zell-Zellverknüpfung, der sogenannten Synapse, finden sich Serotoninrezeptoren. Werden die Serotoninrezeptoren am Beginn der Synapse besetzt, wird die Serotoninausschüttung verringert.

Neben den genannten Untersuchungen der Gehirne und der Rückenmarksflüssigkeit von aggressiven Hunden gibt es noch eine zweite Gruppe von Studien, die ebenfalls den Zusammenhang zwischen Serotonin und Aggression belegen. Hierbei wurde die Grundsubstanz der Serotoninbildung, die Aminosäure Tryptophan zugefüttert. Auch dies führte nicht nur zu einer Erhöhung des Serotoninspiegels im Gehirn, sondern auch zu einer verringerten Aggressivität und auch zu einer verringerten Stressanfälligkeit.

Serotonin wirkt im Gehirn als natürlicher Stimmungsaufheller.

Serotonin wirkt nämlich auch als Gegenspieler des später zu besprechenden Stresshormons Cortisol und reduziert daher nicht nur direkt die aggressiven Aktionen, sondern dämpft auch die Cortisolproduktion und damit die cortisol-abhängigen Verhaltensäußerungen. Zumindest in einer der genannten Studien zum Serotoninhaushalt aggressiver Hunde zeigte sich auch deutlich, dass das Geschlecht keinen Einfluss auf die Verteilung serotoninabhängiger Aggression unter den beiden Versuchs- beziehungsweise Kontrollgruppen hatte. Männliche und weibliche Hunde waren in der Gruppe der serotoninabhängig aggressiven Hunde gleich häufig vertreten.

Die Unterschiede waren sogar noch innerhalb der Aggressionsvorfälle zu erkennen. Hunde, die mit Vorwarnung angriffen, hatten noch eine leicht erhöhte Konzentration der Serotoninmenge gegenüber solchen, die dies ohne Vorwarnung taten.

Untersuchungen an verschiedenen Affenarten einschließlich des Menschen haben außerdem gezeigt, dass auch Schwankungen des Serotoninspiegels gegenüber einer gleichmäßig hohen Konzentration dieses Botenstoffes eher bei aggressiven Individuen auftreten. Die Vermutung ist, dass beispielsweise bei einer statusbezogenen Aggression (also dem typischen Rangverbesserungs- und Aufsteigerverhalten) zunächst Schwankungen des Serotonins oder ein Absinken des Serotoninspiegels ursächlich sind. Erst danach folgt das aggressive Verhalten. Ist es dem Tier gelungen, durch dieses aggressive Verhalten die Rangposition zu verbessern, zieht erst dann das Testosteron sozusagen als Erfolgshormon nach.

Fazit ist also, dass bei einer serotoninabhängigen Aggression eine Kastration wohl keinen Einfluss haben wird. Es gibt Wechselwirkungen zwischen den Serotoninbindungsstellen und den Sexualhormonen, jedoch erscheint es eher so, dass die Wechselwirkung zwischen Testosteron und Serotonin eher zur Aggressionsdämpfung führt. Wechselwirkungen zwischen Östrogenen und Serotonin scheinen diese Aggressionsdämpfung dagegen nicht zu vermitteln.

Die Katecholamine – Kampf, Flucht und Leidenschaft

Eine ebenfalls chemisch sehr nahe verwandte Gruppe von Botenstoffen, die sowohl als Neurotransmitter wie auch als wasserlösliche Hormone agieren können, ist die Gruppe der Katecholamine. In dieser Gruppe stehen für uns wichtige Substanzen wie das Dopamin, das auch als Selbstbelohnungs- oder Lerndroge des Gehirns bezeichnet wird, das daraus chemisch ableitbare Noradrenalin, das sowohl als sogenanntes Kampfhormon wie als Botenstoff im Gehirn agiert, und das Adrenalin, das nochmals einen kleinen chemischen Verarbeitungsschritt weiter hinten in der Kette steht und überwiegend für Fluchtreaktionen verantwortlich ist. Uns interessiert hier nun weniger die auch existente Wirkung der genannten Substanzen beim Lernen oder bei Stress, sondern einzig und allein diejenigen Wirkungen, die auch manchmal zu einer Kastrationsempfehlung führen. Und dabei steht zunächst das Noradrenalin im Zentrum der Betrachtungen. Noradrenalin wird als Kampfhormon bezeichnet, weil es vor allem bei solchen Formen von Stress ausgeschüttet wird, bei denen das Tier sich durch Selbstverteidigungsverhalten, gewissermaßen eine Art Präventivschlagmentalität aus der Situation selbst »heraushauen« möchte. Das Problem, das dabei häufig übersehen wird, ist, dass diese Selbstverteidigungsattacken mit einem hohen Maß an Lernen am Erfolg versehen sind. Das Noradrenalin ist nämlich nicht nur selbst ein Stresshormon und Botenstoff, sondern auch einer der bereits angesprochenen Neuromodulatoren. Wenn zu irgendeiner anderen Botenstoffklasse zusätzlich Noradrenalin im Gehirn ausgeschüttet wird, führt dies dazu, dass alles, was jetzt passiert, besonders leicht und Erfolg versprechend gelernt und abgespeichert wird. Außerdem senkt das Noradrenalin die Reizleitungsfähigkeit in seiner Umgebung, das heißt die Reizschwellen zu einer Wiederholung des betreffenden Verhaltens werden gesenkt. Dadurch sind gerade die Selbstverteidigungsattacken eines Hundes, wie etwa die an der Leine vorwärts gerichtete vorbeugende Aggression auch so häufig selbst belohnend und in einem starken Maße durch Lernprozesse verankerbar.

Die Untersuchungen an den bereits genannten, wegen Aggressivität eingeschläferten Hunden im Vergleich zur Kontrollgruppe zeigten in keinem Falle veränderte Noradrenalinrezeptoren oder Noradrenalinverhältnisse. Noradrenalin ist also zwar für die Selbstverteidigungsattacken und deren Abspeicherung zuständig, offensichtlich aber nicht in den genannten Gruppen der krankhaft auffälligen Hunde übertrieben vorhanden gewesen. Auch hier gibt es keinerlei Geschlechtsunterschiede in der Wirkung. Jedoch erhöht Noradrenalin sekundär, wenn es bereits ausgeschüttet wird, den Spiegel der Sexualhormone. Es kommt also dazu, dass das Kampfhormon auch sexy macht. Die Abhängigkeit ist hier jedoch einseitig, Noradrenalin erhöht umgekehrt den Spiegel beispielsweise an Testosteron nicht direkt.

Und hier kommt nun die nächste, beziehungsweise die in der Produktionskette vorangehende Stufe der Kette ins Spiel: das Dopamin. Dopamin und die Sexualhormone stehen nämlich sehr wohl in einem wechselseitigen Abhängigkeitsverhältnis. Der Dopaminspiegel selbst war bei der bereits wiederholt genannten Studie übermäßig aggressiver Hunde ebenfalls erniedrigt, ein zu niedriger Dopaminspiegel beziehungsweise eine zu hohe Empfindlichkeit der Rezeptoren für Dopamin scheint also mit für eine übermäßige Aggressivität ursächlich zu sein. Dopamin wiederum wird immer dann produziert, wenn das Tier sich selbst ein Erfolgserlebnis verschafft, egal ob das durch das Lösen einer schwierigen Aufgabe, durch eine erfolgreiche aggressive Attacke, durch eine erfolgreiche sexuelle Betätigung oder einfach nur durch eine rhythmische selbst belohnende Tätigkeit ist. Dopaminmangel, insbesondere bei Tieren mit Aufzucht in ungünstiger Umgebung, führt häufig zu Stereotypien. Zu diesen Stereotypien, und da sind wir wieder beim Thema Kastration, gehören oft auch sexuelle Handlungen. Aufreiten ist nämlich nicht immer sexuell motiviert. Es kann auch eine Bewegungsstereotypie sein. Jede rhythmische Bewegung, Joggen, Stricken vor dem Fernseher oder eben auch Aufreiten und Kopulationsbewegungen lassen Dopamin ausschütten. Gerade Hunde, die aus einer ungünstigen Umwelt stammen und den genannten Dopaminmangel als Risikofaktor für Stereotypien haben, sind also auch hier anfällig. Bevor man das rhythmische Berammeln und Aufreiten als Hypersexualität abtut oder es dann als hypersexuelles Verhalten zur Kastrationsursache wird, sollte man also genauer hinschauen: zeigt der Hund vorher, wenigstens ansatzweise Werbeverhalten? Zeigt er beispielsweise den für die Aktivierung des Jacobsonschen Organs typischen zäh fließenden Speichel, der meist in Form von Sabberfäden aus dem Maul hängt? Zeigt er das ebenfalls für die Aktivierung des Jacobsonschen Organs charakteristische Flehmen durch leichtes Kräuseln der Oberlippe und schnelle klappernde Bewegungen des Unterkiefers? Wenn alle diese Fragen mit Nein beantwortet werden, handelt es sich höchstwahrscheinlich auch nicht um ein sexuell motiviertes Aufreiten. Gerade Hunde, die in Stresssituationen, bei Verweigerung bestimmter gewünschter Handlungen oder anderen Zurechtweisungen des Menschen oder aus Langeweile das menschliche Bein, ihr Kissen oder eine anderes Ersatzobjekt scheinbar sexuell behandeln, sind oftmals von Stress getrieben. Und genau diese Hunde sind dann oft, wie dann die Halter

In diesem Fall war das Aufreiten eine Übersprungshandlung.

zu ihrer grenzenlosen Verwunderung feststellen, nach der Kastration mit diesem Verhalten nicht nur genauso stark, sondern sogar noch heftiger beschäftigt. Zugegebenermaßen wird Dopamin auch bei sexueller Betätigung ausgeschüttet. Aber das ist eben nicht immer eine Einbahnstraße. Oftmals ist das Dopamin zuerst da, oder, wie beim bereits genannten Stereotypieverhalten, die Sucht nach Dopamin. Und die sexuelle oder scheinbar sexuelle Betätigung ist dann nur das Ventil einer ganz anders gelagerten problematischen Situation.

Dopamin ist jedoch, um die Sache noch etwas komplizierter zu machen, auch mit den Botenstoffen der Vasopressin-Oxytocingruppe im Gehirn verknüpft. Eine gemeinsame Aktivierung von Vasopressin- und Dopaminrezeptoren führt zu einer verbesserten Ausbildung von individuellen Bindungen und eine Aktivierung des Dopamin- und Cortisolsystems gemeinsam scheint ebenfalls bei der Entstehung sozialer Beziehungen über das Oxytocinsystem mit beteiligt zu sein. Dopamin wiederum erhöht die Wahrscheinlichkeit zum männlichen Sexualverhalten. Sowohl die sexuelle Handlungsbereitschaft, die Reaktion der Organe im Genitalbereich und die Körperhaltungen im Zusammenhang mit dem Sexualverhaltens stehen unter der Steuerung von den Dopaminrezeptoren und der Dopaminausschüttung. Bei Labortieren konnte gezeigt werden, dass die Sinnesreize, die von einem paarungsbereiten Weibchen vor oder während der Kopulation ausgehen, die Dopaminausschüttung in verschiedenen Hirnregionen erhöhen. Dadurch werden die Kopulationsbewegungen und das allgemeine männliche Werbeverhalten gesteuert. Auf die lustvolle Komponente des Sexualverhaltens scheint durch diese Dopaminausschüttungen verursacht zu werden. Nicht nur die Erfahrungen vieler Hundehalter, sondern auch Labortierexperimente zeigen, dass bei vielen männlichen Individuen auch nach der Kastration die Dopaminausschüttung insbesondere im Bereich des limbischen Systems im sexuellen Zusammenhang beibehalten wird. Das sind dann genau diejenigen Tiere, die auch im kastrierten Zustand noch das mehr oder weniger vollständige männliche Werbeverhalten zeigen und beim Hund sogar bis zum Aufreiten, Kopulieren und Hängen die vollständige Paarungssequenz durchführen können. Es gibt Hunde, die das auch Jahre nach der Kastration noch vollziehen.

Fazit bleibt also für die Katecholamine: Die Wechselwirkungen sowohl zwischen Noradrenalin und den Sexualhormonen, wie auch zwischen Dopamin und sexuellem Verhalten sind zwar vielfältig belegt, jedoch sind meistens die genannten Katecholamine ursächlich und die Sexualhormone nur die ausführenden Befehlsempfänger. Auch hier bleibt also vielfach eine Kastration entweder konsequenzlos oder kann, wie im Falle der stressbedingten Aufreitbewegungen, die Problematik noch verschärfen.

Die Nebenniere

Die Nebenniere ist eine zusammengesetzte Hormondrüse, deren beide Teile, Mark und Rinde, ursprünglich in der Embryonalentwicklung aus völlig verschiedenen Regionen entstammen. Die Zusammenlagerung der verschiedenen Drüsengewebe ist also eine relativ junge Erscheinung in der Stammesgeschichte.

Das Nebennierenmark

Das Nebennierenmark produziert die Hormone Noradrenalin und Adrenalin, deren Wirkungen wir bereits im Zusammenhang mit der Eigenschaft als Botenstoffe im Gehirn, als sogenannte Neurotransmitter kennengelernt haben. Aus dem Nebennierenmark werden sie ins Blut abgegeben und wirken dann überwiegend auf Stoffwechsel, Kreislauf, Herz- und Atmungstätigkeit. Ihre unmittelbar verhaltenssteuernde Wirkung entfalten sie mehr durch die Eigenschaften als Neurotransmitter im Gehirn, also durch die direkte Weitergabe von Nervenzelle zu Nervenzelle. Die aktivierenden Wirkungen auf den Kreislauf und den Stoffwechsel sind jedoch ebenfalls von Bedeutung. Insbesondere bei Hunden des sogenannten A-Typs werden häufig in Zeiten länger andauernder Stressbelastung erhebliche Stoffwechselsteigerungen und erhöhte Herz- und Kreislauftätigkeiten registriert. Bei einem lang andauernden Stress können diese aktiven Hunde einerseits zu starker Gewichtsabnahme neigen, was auch durch Zufütterung sehr energiehaltiger Nahrung, sogar Fett und Öl, nicht korrigierbar ist. Andererseits mehren sich auch bei Hunden die tierärztlichen Befunde von Hirnblutungen und Gefäßverschlusserkrankungen bzw. Blutgerinnseln im Gehirn oder auch im Bereich des Lendenrückenmarks. Fast immer handelt es sich dabei um Hunde, die, wenn sie Menschen wären, prädestiniert für die sogenannte Managerkrankheit (also Herzinfarkt, Gefäßverschlusserkrankungen, Schlaganfall etc.) wären.

Wie bereits im Zusammenhang mit den Eigenschaften von Noradrenalin und Adrenalin als Neurotransmitter betont ist diese Drüsentätigkeit völlig unabhängig von der Ausschüttung von Sexualhormonen. Die Abhängigkeit ist nur in die umgekehrte Richtung zu bemerken, eine erhöhte Produktion von Noradrenalin führt regelmäßig zu einer verstärkten Ausschüttung der Sexualhormone. Jedoch kann indirekt die körperliche Wirkung der Noradrenalin-Adrenalin-Ausschüttung etwas durch die Kastration beeinflussbar sein: Nach einer Kastration sinkt allgemein die Stoffwechselaktivität, da die Sexualhormone, insbesondere das Testosteron sich durch eine Erhöhung der Zellverbrennung auszeichnen. Wird nach der Kastration die Stoffwechselrate dementsprechend geringer, kann dies auch bei einem stark Adrenalin-Noradrenalin gesteuerten Hund zu einer Gewichtszunahme und einer Normalisierung des vorher vorhandenen Untergewichts führen. Jedoch sollte dies nicht als Therapiemöglichkeit für aus Nervosität untergewichtige Hunde angesehen werden. Hier muss über das Stresshormonsystem direkt bzw. über Stressmanagement und Verhaltensbeeinflussung gearbeitet werden.

Deutliche Anzeichen eines Hundes im Stress: Hecheln mit nach hinten gezogenen Maulwinkeln, nach hinten geklappte Ohren, große Pupillen, Speicheln.

Die Nebennierenrinde

Die Nebennierenrinde produziert eine ganze Reihe sogenannter Steroidhormone, deren Ausgangssubstanz jeweils das Cholesterin ist. Bereits das zeigt, dass eine Cholesterin Unterversorgung beim Hund, übrigens auch beim Menschen, schwerwiegende hormonelle Ungleichgewichte bewirken kann. Von besonderer Bedeutung sind noch Befunde, die zeigen, dass aggressive Hunde häufig einen niedrigeren Cholesterinspiegel im Blut hatten als weniger aggressive Hunde der Kontrollgruppe. Ob diese Erscheinung mit der Produktion von Steroidhormonen oder mit anderen Wirkungen des Cholesterins, zum Beispiel als Baustein der Zellmembranen zusammenhängt, ist jedoch noch nicht endgültig geklärt.

Von den für uns bedeutsamen Hormonen der Nebennierenrinde ist einerseits das sogenannte passive Stresshormon Cortisol zu nennen, andererseits produziert die Nebennierenrinde auch Sexualhormone. Ihre übrigen Produkte, die sogenannten Mineralcorticoide, deren Wirkung sich überwiegend auf den Wasserhaushalt des Körpers beziehen, sind nicht vom direkten Interesse im Zusammenhang mit der Kastrationsdiskussion.

Das Cortisol – Hormon des passiven Stresssystems

Cortisol, das sogenannte passive Stresshormon, dagegen hat eine ganze Reihe von wesentlichen

Auswirkungen auf das Verhalten und auf die Gesundheit eines Tieres. Und Cortisol ist sehr stark in seiner Konzentration abhängig von anderen aus dem Gehirn und dem Hormonsystem stammenden Botenstoffen. So sind die bereits erwähnten Botenstoffe Serotonin und Oxytocin wichtige Gegenspieler des Cortisols, bei höherer Konzentration eines oder beider dieser Stoffe ist die Cortisol-Produktion gedämpft und zugleich auch die Wirkung des verbleibenden Cortisols im Gehirn bei der Verhaltenssteuerung nochmals verringert. Auch die Sexualhormone haben eine cortisoldämpfende, also eine angstlösende Nebenwirkung. Cortisol ist demnach eines der wichtigsten Hormone bei der Betrachtung der möglichen Folgen von Kastration und anderen Manipulationen im Bereich der Sexualhormone.

Der ursprüngliche Entdecker der Wirkungen des Cortisols in der Medizin, der österreichisch-kanadische Arzt Hans Selye, bezeichnete die Wirkungen des Cortisols als das allgemeine Anpassungssystem bzw. wenn es bereits zu gesundheitlichen Schäden kam, als das Anpassungssyndrom bzw. die Anpassungskrankheit. Er hatte zunächst die Anpassung des Körpers an Probleme wie Infektionen, Verletzungen, Hunger, Kälte oder andere medizinische Schwierigkeiten im Blick. Erst später erkannte man, dass psychische Belastungen eine ähnliche Auswirkung auf das Stresshormonsystem haben. Daher wird das Cortisolsystem heute als das passive Stresssystem oder auch das Kontrollverlust-System bezeichnet. Unter Kontrollverlust versteht man in diesem Zusammenhang die Erscheinung, dass ein Tier sich von seiner Umwelt und den dort vorhandenen Problemen, Gefahren und Schwierigkeiten derartig überwältigt und eingeengt fühlt, das es keine Chancen mehr sieht, sich aktiv selber aus diesem Schlamassel zu befreien. Stattdessen schraubt es seine Erwartungen an seine Umwelt und seine Lebensumstände immer weiter zurück, um sich selbst passiv an die aktiv nicht mehr veränderbaren schwierigen Umweltbedingungen anpassen zu können. Typische Auswirkungen dieses Kontrollverlustes sind im Verhalten eine weitgehende Inaktivität bis hin zur Depressivität, Lern- und Gedächtnisschwäche, Konzentrationsprobleme, mangelnde Neugier und Lernmotivation, Schwierigkeiten bei der Abspeicherung von bereits gelernten und gemachten Erfahrungen und leichter und oberflächlicher, nicht erholsamer Schlaf. Jedoch stehen auch Verhaltenserscheinungen wie Futteraggression, defensive Territorialverteidigung und der gesamte Komplex von Angst und Angstaggression unter der Steuerung dieses Hormons.

Körperliche Auswirkungen der übermäßigen Cortisolausschüttung sind Muskel- und Eiweißabbau, Immunschwäche, erhöhte Neigung zu Diabetes Typ II durch erhöhte Blutzuckerspiegel, eine Veränderung der Herztätigkeit sowie eine stärkere Belastung von Leber und Nieren durch die Entsorgung der beim Eiweißabbau angefallen Stickstoffreste. Besonders tragisch ist, dass Cortisol nicht nur den Muskelabbau fördert, sondern auch die Wiederaufnahme der Eiweißbausteine (Aminosäuren) ins Muskelgewebe verringert. Daher ist eine Erhöhung der Eiweißzufuhr hier keineswegs hilfreich für den Wiederaufbau der Skelettmuskulatur. Stattdessen wird die erhöhte Eiweißzufuhr nur zu einer erhöhten Eiweißverbrennung und damit zu einer stärkeren Belastung für Leber und Nieren genutzt.

Cortisol spielt jedoch durchaus als Hormon auch eine positive Rolle, zum Beispiel bei der tagespe-

Typische Körperhaltung eines unsicheren Hundes, in diesem Falle des Canis autisticus.

riodischen Steuerung des Stoffwechsels und der Verdauungstätigkeiten. Es ist also keineswegs nur ein Stresshormon, vielmehr ist seine Wirkung, wie bei vielen Hormonen, sehr stark von der Konzentration abhängig. In niedrigen und normalen Konzentrationen wirkt es überwiegend steuernd auf Stoffwechsel, Verdauungstätigkeit etc., nur in hohen Konzentrationen überwiegen die negativen Auswirkungen bei langanhaltendem oder wiederkehrendem Kontrollverluststress.

Cortisol wird durch die Ausschüttung der Sexualhormone gedämpft. Dies liegt daran, dass es an bestimmten Stellen des sogenannten Emotionsgehirn, des limbischen Systems, Zellgruppen mit bestimmten Bindungsstellen für die Sexualhormone gibt. Werden diese Bindungsstellen besetzt, wird die Auslösung der Stressantwort verringert, das Tier bleibt ruhiger und gelassener. Dies konnte man beispielsweise durch Untersuchungen an Labormäusen belegen, die vor einer schwierigen und gefährlichen Aufgabe – ein Hochlabyrinth war zu bewältigen – entweder mit gleichgeschlechtlichen oder mit entgegengeschlechtlichen Artgenossen 20 Minuten Sozialkontakt haben durften. Diejenigen Mäuse, die dann nach 20 Minuten Flirtphase mit den Tieren des entgegengesetzten Geschlechts in das Hochlabyrinth gesetzt wurden, hatten nicht nur einen erhöhten Sexualhormonspiegel, sondern regierten auch wesentlich gelassener auf die Höhe. Durch weitergehende Untersuchungen konnte man zeigen, dass es sich tatsächlich um einen unmittelbaren Effekt der Sexualhormone handelte. Für Hundehalter ist dieser Befund deshalb wichtig, weil die früher angewandten Methoden der sogenannten chemischen Kastration (nämlich die Anwendung von Pseudo-Östrogenen oder sexuell unwirksamen testosteronähnlichen Substanzen bei Rüden) diese angstlösende Nebenwirkung trotzdem besaßen und daher häufig zu einer völligen Fehleinschätzung des Verhaltens eines Rüden nach der echten chirurgischen Kastration geführt haben.

Aus diesen Ausführungen wird bereits klar, dass verängstigte und verunsicherte Hunde, deren Steuerung überwiegend über das Cortisol läuft, aber auch Hunde, die beispielsweise durch Futteraggression defensive, also auf Selbstverteidigung ausgerichtete Territorialaggression oder aus Unsicherheit und defensiver Haltung heraus entstehender Leinenaggression auffällig werden, keineswegs kastriert werden dürfen.
Cortisol hat auch sehr viel mit der Trennungsreaktion und mit der Entstehung echter Trennungsangst zu tun. Hier sind insbesondere solche Hunde auffällig, die bereits mehrfach den Halter gewechselt haben bzw. wechseln mussten. Diese im Tierschutz meist als Wanderpokale bezeichneten Hunde haben sich bereits häufig die ersten dauerhaften Schäden einer übermäßigen Cortisol-Aktivierung, wie etwa die erlernte Hilflosigkeit in Form einer völlig passiven und pessimistischen Grundeinstellung angeeignet. Werden solche Hunde kastriert, fehlt ihnen auch noch das letzte bisschen Selbstbewusstsein, das durch die Sexualhormone vermittelt wird.
Insbesondre bei Hunden mit Langzeit-Cortisolstress kommt es sogar zu Hirnschäden: Gerade die für den Antrieb und für Neugier und Motivation zuständigen Teile des Gehirns sind von diesem Zellabbau ganz besonders betroffen. Gerade im Hinblick auf diesen Zellabbau ist das Serotonin ein wichtiger Gegenspieler des Cortisols.

Fazit

Bevor ein Hund, insbesondere ein Rüde kastriert werden soll, muss unbedingt abgeklärt werden, ob die unerwünschten Verhaltensweisen nicht durch Cortisol und durch passive Stressbewältigung verursacht werden. Sobald dies belegt ist, ist die Kastration, außer im engbegründeten medizinischen Einzelfall absolut abzulehnen. Hat ein Hund bereits eine Kastration hinter sich, obwohl er cortisolgesteuert ist, muss ein auf dieses Tier individuell abgestimmtes Nachsorge- und Betreuungsprogramm entwickelt werden, um die verhaltensbiologischen Auswirkungen zu verringern.

Cortisol – Himmel sind unberechenbar!

Cortsiol ist das Stresshormon, das vor allem B-Typen bei Dauerbelastung und unüberschaubaren Situationen steuert. »B« wie bedächtig, beobachtend, besorgt, besonnen, bescheiden, bequem, begriffsstutzig, befangen, bedrückt ... und auch besonders.
Die Einteilung der Grundpersönlichkeiten eines Hundes in die zwei Persönlichkeitstypen A und B, bzw. in der nicht humanpsychologischen Literatur oft als wagemutig und scheu bezeichnet, beruht auf allgemeinen Eigenschaften im Umgang, zum Beispiel mit neuen und unbekannten Situationen.
Durch die dauerhaft erhöhten Cortisolspiegel (Cortisol ist das körpereigene Cortison, das

Güneş, das Dönertier

jeder vom Arzt kennt) kommt es beim B-Typ auch oft zu einer Unterdrückung des Immunsystems, Anfälligkeit für Krankheiten, Parasiten, Tumore und Autoimmunerkrankungen, sowie einer verstärkten Neigung zu Diabetes und Leber- und Nierenerkrankungen. Im Bereich des Verhaltens reagieren B-Typen in neuen und unbekannten Situationen zurückhaltend, beobachtend und eher passiv; sie machen daher den Eindruck eines wenig lernmotivierten und auch wegen der mangelnden Kontaktfreudigkeit eher ungeselligen Lebewesens, was so nicht unbedingt stimmt. In vielen Situationen ist der B-Typ besser aufgestellt als der vorschnelle und unbedachte A-Typ.

Der personifizierte B-Typ ist das Dönertier, systematisch zur Art des Canis autisticus gehörend. Vor zehn Jahren kreuzten sich unsere Wege an einer türkischen Mülltonne, das Schicksal nahm seinen Lauf. Das Dönertier wurde in Ermangelung des Wissens von heute aus seinem Lebensraum gerissen, zwangsadoptiert und lebt seither in hiesigen Gefilden als Hund mit Migrationshintergrund in der ständigen Angst, der Himmel könnte ihm auf den Kopf fallen. Dass das der Himmel die letzten zehn Jahre nicht ansatzweise getan hat, beruhigt den Canis autisticus nicht im Geringsten, Himmel sind unberechenbar! Nicht nur Himmel, auch Autos, Mülltonnen, bisweilen Regenwürmer, Katzen, Menschen, Hüte und Geräusche sowieso. Eigentlich alles. Kaugummis, die zwischen den Ballen kleben, lösen suizidale Tendenzen aus, der gut gemeinte Ziegen-

knochen im Garten führte dazu, dass das Dönertier drei Tage lang das Haus nicht mehr verlassen wollte und statt dessen den Kleiderschrank belagerte und durch nichts mehr zum Verlassen des oberen Stockwerkes zu bewegen war. Woher sollte ich auch wissen, dass es vor zehn Jahren offenbar mal eine Fehlverknüpfung mit einer Ziege gegeben haben muss? Der gewissenhafte B-Typ vergisst nicht! Und natürlich waren danach nicht mehr nur Ziegen die Bösen, sondern es wurde umgehend auf sämtliche Knochen generalisiert. Aber das Fressverhalten des Canis autisticus ist sowieso einer näheren Betrachtung wert. Seit zehn Jahren leben wir im ständigen Kampf mit Untergewicht und Tierschutzvereinen. 15 Kilogramm bei 64 Zentimeter Stockmaß sind nicht gerade viel. Und Fressen nicht gerade die Lieblingsbeschäftigung des anorektischen Dönertieres. Die muskulaturabbauenden Eigenschaften des dauerhaft erhöhten Cortisol-Spiegels haben wir ja oben bereits besprochen. Das sind Wirkungen des Cortisols, die sich bei solchen Hunden nicht selten zeigen. Vor lauter Dauerstress ist an Fressen nicht zu denken. Fressen ist Stress. Dass im Falle des Dönertieres eine extreme Futterprägung auf Döner und Weißbrot dazu kommt, macht die Sache nicht einfacher. Die Beagles sind nach Jahren immer noch fassungslos, wenn das Dönertier beim Anblick eines Pansens

Auch die Futteraggression wird vom Stresshormon Cortisol gesteuert.

den Schwanz zwischen die Beine nimmt und flüchtet. Auch Pansen sind unberechenbar. Und trotzdem wird Fressen massiv verteidigt, dem Cortisol sei Dank. Denn das Cortisol ist zudem für die Futteraggression verantwortlich. Ein Hund, der sein Fressen verteidigt, ist also keineswegs dominant oder Ähnliches, sondern extrem im Stress. Allabendliches Ritual ist hier, dass das Dönertier ca. fünf (!) Bröckelchen Futter aus dem Napf nimmt und danach in absolut gestresster Haltung verteidigend vor dem Napf steht und niemanden ranlässt, obwohl sie dann nichts mehr fressen mag. Auch allabendlich muss ich sie aus dieser misslichen Lage befreien.

Und was haben wir bisher gelernt? Dass das Cortisol nach einer Kastration in vielen Fällen freie Bahn hat und sich das cortisolgesteuerte Problem einer Futterverteidigung demnach meist verschärfen wird. Nicht nur beim Rüden, sondern auch bei der ganzjährig unsicheren und ängstlichen Hündin, wofür das Dönertier als Prachtexemplar steht. Und trotzdem hört man immer wieder den Ratschlag, solche Hunde erst einmal kastrieren zu lassen ... auch ich wusste es vor 10 Jahren leider nicht besser ...

Testosteron – Hormon des sozialen Erfolgs

Angesteuert wird die Produktion der Hormone aus der Nebennierenrinde übrigens über ein eigenes Hormon des Zwischenhirns, nämlich das ACTH (Adrenocorticotropes Hormon) dieses Hormon aus der Hirnanhangsdrüse aktiviert die Nebennierenrinde, nicht nur zur Produktion von Cortisol, sondern auch zur Produktion der aus der Nebenniere stammenden Anteile von Sexualhormonen.

Die sogenannten echten Sexualhormone, also das Testosteron und das Östradiol werden zwar überwiegend von den Geschlechtsorganen produziert, da jedoch ein kleiner Teil (man schätzt etwa 5 %) jeweils auch aus der Nebennierenrinde stammen, und diese Teile ja auch nach einer Kastration weiter wirksam sind, ist es durchaus angebracht, zumindest das Testosteron bereits an dieser Stelle zu besprechen.

Testosteron wird zwar gemeinhin als das sogenannte männliche Sexualhormon bezeichnet. Möglicherweise wäre es jedoch besser, es als das Hormon des sozialen Erfolgs zu bezeichnen. Viele Arten von Erfolg, sei es der Gewinn einer Rangordnungsauseinandersetzung, der Gewinn einer Sportveranstaltung, die plötzliche Einstellung eines männlichen Tieres in eine Gruppe von weiblichen Artgenossen, aber auch die Wahrnehmung von Artgenossen des weiblichen Geschlechts und insbesondere von deren Balz- und Werbeverhalten können zur einer Erhöhung des Testosteronspiegels führen. Wie wir bereits gesehen haben, ist jedoch Testosteron selten ursächlich für die daraus resultierenden Verhaltensänderungen. Vielmehr wird durch die Ausschüttung des Kampfhormons Noradrenalin und durch Schwankungen des Spiegels des Stimmungsaufhellers Serotonin die Testosteron-Produktionen erhöht. Auch die bereits genannte Stressaktivierung über ACTH führt aus der Nebennierenrinde zu einer erhöhten Testosteron-Produktion.

Körperliche Symptome einer verstärkten Testosteron-Produktion sind zunächst eine verstärkte Robustheit der Knochen, insbesondere im Bereich des Schädels, der Vorderextremitäten und des Schultergürtels, eine Verstärkung der Skelett-

Blick über den Zaun. Der Freiheitsdrang hat in diesem Fall nichts mit Testosteron zu tun, sondern ist rassetypisch.

muskulatur, auch überwiegend im vorderen Rumpfbereich, eine Verstärkung des Bindegewebes durch die bessere dreidimensional-räumliche Verknüpfung der Bindegewebsfasern, sowie eine Erhöhung des Grundstoffwechsels in der Zellatmung. Auch die Aktivierung der Talgdrüsen im Bereich der Haut und des Haarkleides ist eine Folge des Testosterons.

Die Verhaltenskonsequenzen eines erhöhten Testosteronspiegels sind zunächst die Erhöhung des echten Balz- und Werbeverhaltens, sowie auch eine Tendenz zu einer besseren Sicherung des vorher durch andere Hormone unterstützt erworbenen höheren Sozialstatus. Zudem die bereits erwähnte Erhöhung des Selbstbewusstseins durch die angstlösenden Nebenwirkungen. Eine ganze Reihe weiterer Wirkungen des Testosterons werden bereits vor der Geburt, circa im letzten Drittel der Trächtigkeit angelegt. Dazu gehört zum Beispiel die Ausformung des für männliches Verhalten zuständigen Kerngebiets im Gehirn. Das Markierverhalten mit erhobenem Bein, auch die Tatsache, dass ein senkrechter Zaunpfosten oder Laternenpfahl sofort für das Markieren attraktiv wird, die vergrößerten Streifgebiete männlicher Tiere und die geschlechtliche Identität werden bereits in diesem Zeitraum angelegt. Gerade die Tatsache, dass ein ganzjähriges freies und weites Herumstreunen und Revierpatrouillieren ebenso wie der größte Teil der Markieraktivitäten nicht durch den aktuellen Testosteronspiegel beeinflussbar sind, ist im Zusammenhang mit möglichen Kastrationsentscheidungen von Bedeutung. Testosteron beeinflusst, wie oben dargestellt, auch die Zusammensetzung der Duftstoffe im Urin und in den Analdrüsen, und hier wirkt, wie in anderen Zusammenhängen auch, die Jahresperiodik mit ein.

Im Zusammenhang mit der Sexualhormonproduktion aus der Nebennierenrinde ist von besonderem Interesse, dass jedes Tier auch über die Nebennierenrinde das Sexualhormon des anderen Geschlechts bekommt. Hündinnen mit einem erhöhten Testosteronspiegel erhalten diesen aus der Nebennierenrinde. Auch Rüden können Östradiol aus der Nebennierenrinde erhalten. Noch komplizierter werden die Zusammenhänge dadurch, dass in bestimmten Teilen, zum Beispiel im Gehirn, Testosteron in Östradiol umgewandelt wird. Auch dies gilt für männliche Tiere genauso. Die Wirkungen der Sexualhormone im Gehirn, zum Beispiel im Zusammenhang mit der Pubertät oder mit der Vermeidung von Demenzerscheinungen beim alten Hund, sind in der Regel bei beiden Geschlechtern auf das Östradiol zurückzuführen. Nur selten wirkt das Testosteron selber außerhalb der Steuerung des direkten Sexualverhaltens im Gehirn. Auch die angstlösende Nebenwirkung wird meist nach einer Umwandlung des Testosterons in eine damit chemisch verwandte Östrogenform erzielt. Diese Umwandlung von Testosteron in Ostrogene ist es auch, die bei manchen unserer menschlichen Artgenossen zu unangenehmen Überraschungen führen kann. Viele sogenannter Kraftsportler glauben ja, durch künstliche Einnahme von testosteronähnlichen Medikamenten ihren Muskelaufbau ganz besonders schnell und beeindruckend erzielen zu können. Sozusagen Bodybuilding für Faule. Umso größer ist dann das Erstaunen, wenn sie plötzlich einen Bauchansatz, Brustansatz und andere eher weiblichen Merkmale an ihren Körpern entdecken. Auch hier wurde das im Überschuss vorhandene Testosteron in weibliche Hormone umgewandelt; zudem haben wir es hier mit einem der Downregulationsprozesse, also mit einer Herunterregelung der körpereigenen Hor-

Die wichtigsten Hormone kurz beschrieben

Androgene: Sammelbegriff für männliche Geschlechtshormone, speziell das Testosteron (s.u.).

Adrenalin: Das sogenannte Fluchthormon, aber auch ein Botenstoff im Nervensystem, erhöht u.a. den Blutdruck, die Herztätigkeit sowie die Atmung, verstärkt die Blutgerinnung und aktiviert den Zellstoffwechsel. Es erhöht zugleich den Spiegel an Cortisol. Keine Wirkung auf Sexualhormone.

Acetylcholin: Botenstoff in Gehirn und Nervensystem, der u.a. die Übertragung von Erregungen zwischen Nerv und Muskel bewirkt, jedoch offenbar auch bei Jagdverhalten und Epilepsie beteiligt ist.

Cortisol: Das sogenannte Kontrollverlusthormon oder passive Stresshormon. Es erhöht den Blutzuckerspiegel, unterdrückt das Immunsystem. Es verhindert in hoher Konzentration die Gedächtnisbildung und den -zugriff und macht unterwürfig und depressiv. Es erhöht jedoch die Angst- und Futteraggression sowie die sogenannte Neophobie (die Angst vor Fremden) und damit die defensive Territorialität. Es senkt den Spiegel der Sexualhormone.

Dopamin: Die Selbstbelohnungsdroge im Gehirn. Es schafft freudige Erwartung, verstärkt selbsterarbeitete Lernerfolge (»Aha-Effekt«) und erhöht das Lustgefühl. Es macht aber in bestimmten Bereichen auch aggressiv, ist am Sexualverhalten mitbeteiligt und hat Suchtpotential. Es spielt bei der Entstehung von Stereotypien eine große Rolle.

Endorphine: Hirneigene Opiate. Sie verstärken Lernerfolge, aber auch suchterzeugende Tätigkeiten. Sie dämpfen das Schmerzempfinden und erhöhen die Ausdauer.

Melatonin: Das sogenannte Schlafhormon. Es entsteht aus Serotonin, steuert den Tag-/ Nachtrhythmus.

Noradrenalin: Das sogenannte Kampfhormon wirkt physiologisch nahezu genau wie Adrenalin, erhöht jedoch den Sexualhormonspiegel, wirkt lernverstärkend und senkt die Reizschwelle zur Wiederholung des gleichen Tuns (»sich in Rage bringen«).

Östrogene: Sammelbegriff für sogenannte weibliche Hormone. Sie bewirken die Eireifung und den Eisprung sowie weibliches Sexualverhalten, können jedoch durch Wechselwirkung mit erregenden Bindungsstellen und Botenstoffen auch aggressiv oder stressanfällig bis ängstlich in der Läufigkeit machen.

Oxytocin: Das sogenannte Bindungshormon, auch hormoneller Sozialkleber genannt. Es lässt Milch bei der Hündin einschießen, schafft Vertrauen, stärkt bzw. schafft Bindungen und senkt den Stresshormonpegel.

Progesteron: Das sogenannte Schwangerschaftshormon. Es ist verantwortlich für die echte Scheinschwangerschaft, bereitet die Gebärmutter auf die Einnistung des Eies vor. Es dämpft Aktivität, schafft Gewichtszunahme und kann depressiv machen. Die meisten Verhaltenswirkungen der sogenannten weiblichen Hormone sind weniger von deren absoluter Konzentration, sondern mehr vom Verhältnis der beiden (Östrogen und Progesteron) zueinander abhängig.

Prolaktin: Das sogenannte Elternhormon. Es steuert die Milchproduktion, das elterliche Fürsorge- und Schutzverhalten, Spiel, aber auch die Jungtierverteidigung. Es steht in umgekehrter Abhängigkeit zur Konzentration und Wirkung von Testosteron.

Serotonin: Als Botenstoff im Gehirn ist es stimmungsaufhellend, antidepressiv und stressdämpfend. Es kann aber auch aggressiv machen. Komplizierte Regelkreise wegen mehrerer unterschiedlicher Rezeptoren.

Testosteron: Das sogenannte männliche Hormon, es kommt jedoch ebenfalls bei weiblichen Wesen vor. Auch das Hormon des sozialen Erfolges. Es steuert zwar, zusammen mit z.B. Dopamin und Serotonin, männliches Sexualverhalten, ist jedoch oft mehr die Folge als die Ursache männlicher Aggressivität. Einflüsse auf Markierverhalten und Streunen sind mehr vorgeburtlich als durch aktuelle Konzentration bedingt, Unterschiede in der Heftigkeit des Sexualverhaltens mehr von Dichte der Bindungsstellen als der eigentlichen Hormonkonzentration abhängig.

Thyroxin: Das Schilddrüsenhormon. Es hat selber keinen Einfluss auf Verhalten, erhöht jedoch die Adrenalinkonzentration und steuert den Abbau des Cortisols. Daraus entstehen dann sekundär die Verhaltenswirkungen einer gestörten Schilddrüsenfunktion.

Vasopressin: Das sogenannte Partnerschutz- und Eifersuchtshormon. Es steuert den Blutdruck und die Wasserausscheidung, bewirkt individuelles Erkennen des Bindungspartners, aber auch dessen Verteidigung und aktiviert das Noradrenalinsystem.

monproduktion nach Einnahme von außen zugeführter Hormonpräparate zu tun.

Fazit

Gerade die Nebennierenrinde ist sehr empfindlich für Eingriffe von außen. Die Zugabe von Sexualhormonen, ebenso wie die Wegnahme von Sexualhormonen, aber auch z. B. die medizinisch bedingte Einnahme von Cortison führen zu einem Ungleichgewicht der Produktion und Verarbeitung körpereigener und zugeführter Hormone und dadurch oft zu sehr starken und das Verhalten beeinflussenden Nebenwirkungen.

Der Rüde – viel Verhalten, wenig Sex

7

Der Rüde – viel Verhalten, wenig Sex

Um das Paarungsverhalten eines männlichen Hundes richtig einordnen zu können, müssen wir zunächst einen Blick auf die Sozialsysteme und die Fortpflanzungsorganisation des Hundes und seiner Verwandten werfen. Nur dann können wir verstehen, wie die vielfältigen Mechanismen von Beziehungen, Rollen und anderen Verhaltenseigenschaften, Persönlichkeiten und letztlich auch die Hormone zusammenwirken, und an welcher Stelle dieses Geflechtes an inneren und äußeren Einflüssen die Sexualhormone überhaupt eine Rolle spielen. Und da Hundeartige nun einmal ein sehr eng zwischen den Geschlechtern verbundenes soziales Netzwerk aufbauen, ist an dieser Stelle auch immer wieder ein Blick auf die Hündin nötig.

Viel Verhalten

Die wichtigsten Beziehungstypen in einer Gruppe von Hundeartigen, und hier zeigen sich verwilderte Haushunde an verschiedenen Stellen der Erde nahezu identisch beispielsweise mit Wölfen oder Kojoten, sind einerseits die Paarbindung und andererseits die Leittier-Anführer-Beziehung. Beide Formen der sozialen Beziehung werden von Haushunden im Familienstand sowohl untereinander als auch mit dem Menschen in nahezu gleicher Weise ausgebildet wie mit ihren vierbeinigen Artgenossen zum Beispiel in einem italienischen Waldgebiet oder auf einem Müllplatz in Indien. Die Paarbindung ist bei Hundeartigen generell nicht sexuell, sondern überwiegend sozial motiviert. Das ist auch kein Wunder, wenn man bedenkt, dass fast alle Hundeartigen nur einmal im Jahr eine sehr streng umrissene Läufigkeit haben. Trotzdem sind sie zwölf Monate im Jahr mit einem Artgenossen, meist des anderen Geschlechts, zusammen. Dass diese Art von Beziehung auch auf den Menschen übertragbar ist, steht auf einem anderen Blatt, ist aber sowohl durch Alltagserfahrungen als auch durch wissenschaftliche Untersuchungen verschiedener Arbeitsgruppen gestützt. Die Paarbindung ist auch bei verwilderten Haushunden noch derartig stark nachweisbar, dass man innerhalb eines Rudels fast immer Zweierteams von unterschiedlichem Geschlecht gemeinsam unterwegs findet. Trotzdem ist sehr häufig der Rüde dieses Zweierteams dann nicht der Vater der Welpen der Hündin des betreffenden Teams.

Für die Fortpflanzungsprivilegien gilt bei Hundeartigen offenbar fast immer die formale Langzeitrangordnung. Zumindest so lange man sich innerhalb des eigenen Reviers paart, ist in der Regel der ranghöchste oder zweitrangige Rüde der Vater der meisten Welpen. Viele Untersuchungen im Freiland zeigen jedoch, dass diese Rangordnungskoppelung aufgehoben wird, wenn man sich über die Grenze zum Nachbarrevier begibt um dort ein paar neue genetische Informationen für den Nachwuchs einzusammeln. Nichts Menschliches ist den Hunden also fremd.

Hundeartige gehören jedoch auch zu denjenigen Säugetierarten, bei denen der Rüde, also das männliche Tier generell, sich am stärksten an der

Aufzucht der Nachkommen beteiligen kann und es auch tut. Durch das Herantragen von Futter für die säugende Mutter in den ersten drei Lebenswochen sorgt er normalerweise dafür, dass die Mutter ihre neugeborenen Welpen nicht verlassen muss. Erst nach etwa drei bis vier Wochen verlässt sie erstmals die unmittelbare Umgebung ihres Wurfes und ist dann auch langsam wieder bereit, am Sozialleben der Gruppe teilzunehmen, beziehungsweise auch ihre Welpen den restlichen Rudelmitgliedern vorzustellen. Viele Züchter, die mehrere Hunde halten, berichten von nahezu identischen Zeitprofilen.

Zur Steuerung der Verhaltenseigenschaften des Rüden sind daher auch andere hormonelle Mechanismen zu erwarten als die reine Sexualsteuerung über das Testosteron.

Der Jahreszyklus der hormonellen Steuerung beim Rüden wurde bei Wölfen schon sehr frühzeitig ausführlich untersucht. Hier zeigt sich deutlich, dass die Testosteronkonzentration, und damit verbunden auch die Größe der Hoden und die Produktion von Samenzellen, bei Wolfsrüden im Laufe des Winters langsam ansteigt und zur Ranzzeit im Spätwinter einen Höhepunkt erreicht. Wenige Wochen später schrumpfen dann bereits die Hoden wieder und auch die Testosteronkonzentration ist dementsprechend geringer. Dagegen steigt im Frühjahr bei Wolfsrüden das Prolaktin. Alle diese jahreszeitlichen Schwankungen sind bei Wolfsrüden nicht nur unabhängig von ihrer Rangordnung, sondern auch bei kastrierten sowie bei einzeln gehaltenen Rüden nahezu identisch mit denen, die in voller sozialer Einbindung eines Rudels leben.

Ressourcen-Verteidigung (hier Spielzeug) hat nichts mit Dominanz zu tun.

Wie es in diesem Zusammenhang mit dem Haushund aussieht, wurde zumindest teilweise auch bereits vor längerer Zeit untersucht. Im Vergleich zum Wolfsrüden hat der Haushundrüde neun Monate im Jahr vergrößerte Hoden und einen Testosteronhochstand. Die Testosteronkonzentrationen sind in dieser Zeit auch höher als bei Wölfen. Drei Monate im Jahr, und zwar bemerkenswerterweise in der Zeit, die auf die Frühjahrsranz der Wölfe folgen würde, ist dagegen der Testosteronspiegel beim Haushunderüden deutlich erniedrigt, die Hoden werden kleiner. Ob es in dieser Zeit dementsprechend den Prolaktinanstieg gibt, ist nicht unbedingt geklärt. Wenn wir die hormonphysiologischen Wechselwirkungen zwischen Testosteron und Prolaktin betrachten, die im vorigen Kapitel dargelegt wurden, ist das jedoch zu erwarten. Prolaktinwirkungen bei Haushundrüden, auch und gerade bei Kastraten, sind ja durchaus bekannt, und zeigen beispielsweise dann auch die Schwangerschaft der Halterin beziehungsweise die Anwesenheit von Welpen im Haushalt deutlich im Verhalten an.

Die weiteren Schritte der Entwicklung von Junghunden sind übrigens ebenso den Wölfen und anderen Großcaniden ähnlich. Auch der Eintritt der Geschlechtsreife, bezüglich der körperlichen Reifung von Hoden und Samenzellen, ist bei Wölfen und Haushunden keineswegs stark unterschiedlich. Der Einsatz der Pubertät in der zweiten Hälfte des ersten Lebensjahres ist durchaus nichts unnormales. Ebenso wie bei manchen sich langsam entwickelnden Haushunderassen dauert es jedoch auch bei Wölfen noch mehrere Jahre, bis die volle soziale Reife erreicht wird. Wolfsrüden sind etwa mit drei Jahren als erwachsen zu betrachten. Ihre volle soziale Reife als Leittiere erreichen sie jedoch erst im fünften Lebensjahr. In diesem Alter übernehmen sie dann normalerweise auch erst die Führung ihres Rudels.

Wie bereist dargelegt, ist die Beziehungslandschaft in einem Rudel verwilderter Haushunde oder auch Wölfe keineswegs so streng mit einer linearen Rangordnung durchgegliedert, wie man das früher immer gedacht hat. Beziehungen, wie etwa die Paarbindung, die Eltern-Kind-Beziehung, die Leittierbeziehung, und Rollen, wie etwa die situative Anführerschaft, der Alarmhund, der Babysitter oder auch der Senior spielen eine viel größere Rolle in der Strukturierung einer hundlichen Gemeinschaft. Nahezu alle diese Beziehungen und Rollen sind jahreszeitenunabhängig.

Diese Hintergründe müssen beachtet werden, wenn die Einflüsse verschiedener Hormone auf das Verhalten eines Hundes betrachtet werden. Nur durch die viel stärkere Beteiligung des Prolaktins an der Verhaltenssteuerung des männlichen Hundes beziehungsweise Hundeartigen ist es möglich, dass er sich an der Brutpflege und an der Betreuung, Bewachung und Erziehung der Jungtiere beteiligt. Nur durch eine differenzierte Ausbildung des Vorderhirns, insbesondere des vorderen Stirnlappens, dem Sitz der sozialen Kompetenz, ist es möglich, mit vielfältigen unterschiedlichen Beziehungen gleichzeitig zu spielen. Wie wir gehört haben, ist jedoch genau in diesem Bereich des Gehirns die Reifung und die Differenzierung der Hirnareale erst während der Pubertät zu erwarten.

Dass männliche Hunde durchaus in der Lage sind, auch mehr als das übliche Maß an Brutpflege zu zeigen, belegen einige Fallbeispiele.

Zwei intakte Rüden in der Vor-Ranzzeit.

Wie es beim Mann die sogenannte Couvade gibt, bei der ein werdender Vater auch körperlich mit »schwanger« wird, so gibt es vergleichbare Erscheinungen auch bei Hunden. Die Couvade des Mannes ist auf einen Prozentsatz von ca. einem Viertel bis einem Fünftel der werdenden Väter beschränkt. Es handelt sich hier meist um Männer, die sich sehr intensiv und sehr positiv mit ihrer Rolle als werdende Väter auseinandersetzen, beispielsweise ihre Frauen zur Schwangerschaftsgymnastik begleiten etc. Bei ihnen ist dann eine Zunahme des Leibesumfangs, eine Brustvergrößerung und eine Veränderung der Körperbehaarung in Richtung einer Verweiblichung durchaus zu beobachten. Viel häufiger sind diejenigen Väter, die zumindest im Verhalten mit »schwanger« werden, und die ebenso wie ihre Frauen dann eher durch emotional instabiles und leicht reizbares oder Stress anfälliges Verhalten auffallen.

Wir hatten einen Hund in der Beratung, einen kastrierten Rüden charakteristischer Weise, der plötzlich begann Milch abzusondern. Der dahinter liegende Regelkreis lässt sich besonders leicht dadurch verstehen, dass es sich bei diesem Hund auch noch um ein Tier mit einer Schilddrüsenunterfunktion handelt. Es gibt einen komplizierten inneren Zusammenhang zwischen einem verringerten Schilddrüsenhormonspiegel und einer Erhöhung der Prolaktinausschüttung aus der Hirnanhangsdrüse. Und genau das war bei diesem Rüden offensichtlich der Fall. Die Milch schoss nicht gerade in Strömen aus dem Gesäuge, jedoch waren deutliche Milchtröpfchen an den Brustwarzen des Hundes zu erkennen. Was es nicht alles gibt ...

Milchabsonderung bei männlichen Säugetieren ist aber keineswegs auf kastrierte Hunde beschränkt. In den vergangenen Jahren wurden beispielsweise bei mehreren, paarweise lebenden Flughunden, also großen, Frucht fressenden Fledermausverwandten, ebenfalls Fälle von leichter Milchabsonderung an den männlichen Brustwarzen beschrieben. Es handelt sich bei diesen um frei lebende Tiere, so dass jede Art von möglicher Gehege-Artefakt-Situation als Erklärung ausscheidet.

Die saisonale Steuerung des Verhaltens, die wie wir gesehen haben auf der Achse über die Zirbeldrüse letztlich die Hirnanhangsdrüse und das durch die Wirkung des GnRH ausgeschüttete FSH und LH funktioniert, ist unbestreitbar jedem Rüdenhalter bekannt. Im Herbst werden Rüden rappelig, und die Tatsache, dass viele Hundetrainer diese Rappeligkeit auch bei kastrierten Rüden immer wieder beobachten, zeigt schon, das nicht nur das Testosteron selber, sondern auch die in den darüber geordneten Instanzen aktiven Hormone offensichtlich bereits eine verhaltenssteuernde Wirkung haben. Neben der Steuerung durch die Tageslänge ist, in anekdotischen Berichten von Hundehaltern und Trainern durchaus auch für Haushunde bestätigt, noch eine unmittelbare Wetterbeeinflussung der Paarungsaktivitäten bei Hundeartigen nachgewiesen. Systematisch untersucht wurde dies bei Wölfen und bei Marderhunden, wobei beispielsweise ein plötzlicher erneuter Wintereinbruch in der beginnenden Vor-Ranzzeit schlagartig für mehrere Wochen jegliche weitere sexuelle Aktivität einschließlich des Werbeverhaltens unterdrückte. Erst nachdem der spät gekommene Schnee wieder abgetaut und die Temperaturen wieder angestiegen waren, begann das Werbeverhalten von neuem und führte dann auch zur Läufigkeit.

Durch Untersuchungen an Labortieren ist auch der Zusammenhang zwischen GnRH und der Kopulationshäufigkeit, also dem Ausmaß des Sexualverhaltens, belegt. Auch weitere Hormone, beispielsweise das Vasopressin, das Oxytocin, aber auch einige das Verdauungssystem betreffende Hormone und das Prolaktin beeinflussen die Häufigkeit und Intensität des Sexualverhaltens. Ebenfalls belegt, sowohl beim Menschen wie bei Labortieren, ist die auch bei Hunden durch Kastration bestätigte Erfahrung, dass nicht die Konzentration des Testosterons im Blut die Intensität des Paarungsverhaltens beeinflusst. Es gibt sowohl beim Menschen wie bei Labortieren ausgesprochene Sexmuffel, die mit der gleichen Testosteronkonzentration im Blut überhaupt kein Interesse an Sexualverhalten zeigen, und ausgesprochene Sexprotze, die bereits mit sehr geringer Testosteronkonzentration ein vollständiges Werbe- und Paarungsverhalten aufführen. Verantwortlich dafür sind wahrscheinlich unterschiedliche Konzentrationen an Testosteronrezeptoren im Gehirn.

Piccolo, der Kastrat, hat wesentlich mehr Interesse an der Damenwelt als der unkastrierte Rüde Herr Meier.

Endorphine verringern die Paarungsbereitschaft ebenso wie von außen zugeführte Opioide und Betäubungsmittel. Auch dieser Zusammenhang ist bei Labortieren deutlich nachgewiesen. Vielleicht, aber das ist nur eine Hypothese, ist auch das einer der Gründe, weshalb jagdlich aktive Hunde weniger Interesse an Sexualität haben als weniger jagdlich motivierte, denn Jagen, insbesondere wenn es in langes Rennen und Hetzen mündet, steigert bekanntermaßen, wie aus Untersuchungen an menschliches Langstreckenläufern bekannt, den Endorphinspiegel erheblich. Bemerkenswerterweise ist der gleiche nicht vorhandene Zusammenhang zwischen Konzentration von Sexualhormonen und sexueller Aktivität auch bei Hündinnen nachgewiesen. Auch kastrierte Hündinnen, die identische Mengen von Östradiol injiziert bekamen, sind keineswegs alle gleich interessant und gleich attraktiv für Rüden.

Und letztlich sieht man ja auch häufig, dass ein seit Jahren kastrierter Rüde das vollständige Sexualverhalten einschließlich des Hängens zeigt. Das Hängen ist übrigens höchstwahrscheinlich in der Evolution der Hundeartigen entstanden, um den eigenen Samenzellen beim Wettrennen um die befruchtungsfähige Eizelle einen zuverlässigen Zeitvorsprung zu verschaffen. Solange der Rüde hängt, kann sich die Hündin nicht mit einem Rivalen paaren, und seine eigenen Samenzellen haben einen mindestens zwanzigminütigen Vorsprung gegenüber denen der

Aufreiten unter zwei Brüdern, unten der intakte, oben der kastrierte.

Konkurrenz. Das zeigt übrigens zudem, dass die sexuelle Exklusivität in einem Hunderudel, auch bei nicht domestizierten, nie sonderlich ernst mit der Paarbindung gekoppelt war. Und auch der ranghohe Rüde ist sich hier offensichtlich seiner Position nicht sicher. Genetische Untersuchungen bestätigen dies, denn auch bei sehr vielen Wildhundeartigen wurden in freier Natur regelmäßig Würfe mit gemischten Vätern nachgewiesen. Hier muss sich die Hündin also innerhalb von wenigen Stunden bis Tagen mit mehr als einem Rüden gepaart haben.

Aber vieles, was nach Sexualverhalten aussieht, ist überhaupt keines und steht in keinem Zusammenhang mit den Sexualhormonen. Das Aufreiten ist unter Junghunden oft nichts anderes als Spiel, kann eine Bewegungsstereotypie sein, oder es tritt in inneren Konfliktsituationen als Übersprungshandlung auf. In diesen Fällen wird sich das Verhalten nicht durch eine Kastration beeinflussen lassen, oder sich sogar verschlimmern, wenn es sich um eine Bewegungsstereotypie handelt. Die zugrundeliegende Ursache sollte also vor einer Kastration unbedingt von einem kompetenten Trainer beurteilt werden.

Die hormonellen Zusammenhänge

Im engeren Zusammenhang mit Sexualverhalten und Paarungsaktivitäten, und daher auch im Zusammenhang mit der Kastrationsdiskussion ist es wichtig, die hormonelle Steuerung der männlichen Aktivitäten genauer zu betrachten. Die

Ausschüttung des GnRH, die zunächst die Aktivierung der Hirnanhangsdrüse bedeutet, ist durch verschiedene Einflussfaktoren wie Tageslänge, Außentemperatur, gegebenenfalls auch durch Stress zu beeinflussen. Jedoch ist bei Hunden und Wölfen im Gegensatz beispielsweise zu Affen und anderen Säugetiergruppen die Auswirkung von Stress auf die Testosteronausschüttung offensichtlich wesentlich geringer. Nur unter Extrembedingungen, etwa wenn Wölfe für Umsiedelungsaktionen eingefangen und dann längere Zeit in kleineren Gehegen gehalten werden mussten, kam es zu einer Stress bedingten Fortpflanzungsunterdrückung im männlichen Geschlecht.
Hündinnen scheinen hier, zumindest nach Erfahrungsberichten von Züchtern, etwas anfälliger zu sein.

Die Auswirkungen des Testosterons auf den Körper des Rüden sind bereits äußerlich deutlich erkennbar. Die wesentlich kräftigere Muskulatur im Schulter-, Nacken- und vorderen Rumpfbereich, die kräftiger ausgebildeten Knochen im Bereich von Schädel, Schultergürtel und Vorderextremitäten, sowie das straffere Bindegewebe und auch das etwas glänzendere Fell durch die erhöhte Talgproduktion unterscheiden deutlich einen intakten Rüden von einem noch nicht geschlechtsreifen oder kastrierten Artgenossen.

Auch wenn die Hoden beim Hund bereits nach wenigen Lebenswochen in den Hodensack einwandern, ist ihre Größe doch sehr deutlich vom derzeitigen Testosteronspiegel abhängig. Gerade nach Anwendung der chemischen Kastration ist das Schrumpfen der Hoden und das erneute Anwachsen beim Abfluten der hormonellen Beeinflussung deutlich von außen sichtbar.

Ein Verhaltenskomplex, der recht stark von den Testosteronkonzentrationen abhängig scheint, ist das Übermarkieren. Jedoch muss man hier sehr genau unterscheiden: Wie neuere Untersuchungen zeigen, ist es keineswegs Zufall, ob ein Hund beim Markieren direkt auf die Marke seines Vorgängers trifft oder daneben. Die Häufigkeit des Daneben-Markierens, egal auf Marken welchen Geschlechts, ist nämlich beispielsweise nicht von der Testosteronkonzentration und damit vom Kastrationszustand abhängig. Ausschließlich das Markieren direkt über den Urin einer geschlechtsreifen intakten Hündin ist geschlechtstypisch und vom Kastrationszustand zu beeinflussen.

Ein paar Worte zum Markierverhalten

Auch das Markierverhalten von Hunden, ein biologisch völlig normales Verhalten, muss immer wieder als Grund für eine Kastration herhalten. Dass es sich in den seltensten Fällen wirklich durch eine Kastration beeinflussen lässt, zeigt eine kürzlich veröffentlichte Studie über das Markierverhalten bei Hunden, die das Daneben- und Übermarkieren auf Urinmarken unter verschiedenen Voraussetzungen untersuchte.
Die Studie umfasste zum einen die Präsentation von standardisierten Urinmarken bei Labradoren in deren bekannter Umgebung, zum anderen Beobachtungen des Markierverhaltens von verschiedenen Hunderassen in einem Hunde-Freilaufgebiet in Chicago. Es wurde zunächst zwischen dem echten Übermarkieren und dem Daneben-Markieren unterschieden. Die aufgenommenen Daten umfassten neben der Dauer des vorangehenden Beschnupperns und Untersuchungen der

Urinmarke auch das Geschlecht, die Frage, ob sie kastriert waren oder nicht, die Markierposition und als Charakteristika der beobachteten Hunde deren Rutenposition (als Maß für ihren Status bzw. ihrer Statussicherheit). Zudem wurde bei den kontrollierten Präsentationen auch noch Urin von bekannten und unbekannten Hunden abwechselnd getestet.

Die Ergebnisse zeigen, dass sowohl kastrierte als auch unkastrierte Hunde regelmäßig über und auch neben die Duftmarken von Artgenossen markieren. Bei der experimentellen Präsentation von Urin wurde das Übermarkieren nur von Rüden gezeigt, und nur intakte Rüden markieren bevorzugt den Urin von intakten Hündinnen über, die übermarkierenden Rüden hatten einen durch die Rutenposition ausgezeichneten deutlich erkennbaren höheren Status und das Übermarkieren wurde nicht durch die Bekanntheit des Urinspenders beeinflusst. Das Daneben-Markieren dagegen betraf in der experimentellen Situation nur unbekannte Urinmarken und war weder vom Geschlecht noch von der Rutenposition beeinflusst. Gegenmarkieren insgesamt, also das Daneben- und Übermarkieren gemeinsam, war von der Kastration in beiden Geschlechtern unbeeinflusst.
Bei den Beobachtungen im Hundepark waren beide Geschlechter regelmäßig mit dem Untersuchen und Markieren der gemeinsamen Pinkelstellen beschäftigt. Rüden und Hündinnen zeigten das Gegenmarkieren und Untersuchen des Urins mit gleicher Wahrscheinlichkeit wie die Rüden, und auch Duftmarken von Rüden und Hündinnen wurden mit gleicher Wahrscheinlichkeit gegenmarkiert. Rüden und Hündinnen mit höherer Rutenposition urinierten, untersuchten und gegenmarkierten häufiger als Hunde des gleichen Geschlechts mit niedrigrangiger Rutenposition.
Die Studie wird so gedeutet, dass die Funktion des Übermarkierens von intakten Rüden über den Urin »intakter« Hündinnen möglicherweise, wie bereits früher vermutet, wirklich der Verschleierung des weiblichen Dufts und damit der Aufrechterhaltung sexueller Privilegien dienen könnte. Alle anderen Bestandteile des Markierverhaltens, insbesondere das Daneben-Markieren, sowie das Übermarkieren durch weibliche und/oder kastrierte Hunde beiderlei Geschlechts, scheinen mehr mit der Signalisierung von Status, der Aufrechterhaltung der sozialen Beziehungsnetze und evtl. der Ressourcen-Verteidigung insgesamt verknüpft zu sein.
Als praktische Anwendung daraus lässt sich ebenso ableiten, dass nur ein ganz bestimmter und schmaler Bereich des männlichen Markierverhaltens durch Kastration beeinflusst wird. Die sozialen Funktionen des Daneben-, Gegen- und Übermarkierens dagegen sind von der Kastration in beiden Geschlechtern offensichtlich unabhängig.

Ebenfalls unter hormonellem Einfluss scheint die Konzentration der Duftstoffe sowohl im Bereich des Analbeutels als auch des Urins zu stehen. Auch hier sind bei Wölfen und anderen Wildcaniden jahresperiodische Zusammenhänge nachgewiesen, und auch hier ist beim Haushund ein Zusammenhang zwischen Kastration und Konzentration der Duftstoffe gefunden worden (siehe Seite 56 »Die Sache mit dem Duft«).

Der chemische Probelauf

Bereits seit längerer Zeit ist es üblich, bei Rüden vor der chirurgischen Kastration durch einen chemischen Probelauf die Auswirkungen der Wegnahme des Testosterons zu simulieren.
Jedoch sind die früheren Methoden, die meistens mit Hilfe einer Injektion durchgeführt wurden, häufig aus verhaltensmedizinischer Sicht enttäuschend verlaufen. Vielfach hatte man durch die Injektion des Hormonpräparates einen sehr ruhigen, bisweilen auch trägen bis etwas lustlosen Hund bekommen, der aber ansonsten mit seinem Verhalten offensichtlich deutlich ausgeglichener und stabiler erschien. Wurde dann auf der Basis dieser Erfahrungen die chirurgische Kastration vorgenommen, erschrak man häufig ob der ganz anderen Auswirkungen. Plötzlich war ein ängstlicher, unsicherer und leider sehr häufig auch angst- und leinenaggressiver Hund entstanden. Zudem wurden die so chirurgisch kastrierten Hunde von ihren Artgenossen ganz anders behandelt als zuvor im Zustand der chemischen Kastration.

Erst die Entwicklung des Hormonimplantats, des sogenannten Kastrationschips hat diese Probleme bei Rüden reduziert. Die Ursache dafür liegt in den unterschiedlichen Mechanismen, mit denen die chemischen Kastrationen früher und heute durchgeführt wurden. Die Injektionslösung verwendet in der Regel entweder sogenannte Antiandrogene oder Pseudoöstrogene. Antiandrogene sind Botenstoffe, die der Wirkung männlicher Hormone ähnlich sind, die gleichen Bindungsstellen besetzen, aber die Ausschüttung von echten männlichen Hormonen im Blut verhindern. Werden diese Antiandrogene in den Kreislauf eines männlichen Hundes gebracht, so besetzen sie eine Reihe von Bindungsstellen im Gehirn genauso wie das echte Testosteron auch. Dadurch wird die Fortpflanzungsfähigkeit verhindert, weil die Produktion von Samenzellen in den Hoden unterbleibt, jedoch ist ein Teil des im Gehirn entstehenden Verhaltensprogramms trotzdem noch aktiv.

Noch etwas komplizierter wird die Geschichte mit den sogenannten Pseudoöstrogenen. Pseudoöstrogene sind mit dem weiblichen Hormon Östradiol verwandte Substanzen, und Östradiol unterdrückt in vielen Bereichen des männlichen Organismus die Testosteronproduktion. Der gleiche Mechanismus ist es übrigens auch, der bei vielen weiblichen Tieren, einschließlich unserer eigenen Spezies nach den Wechseljahren, die Ausprägung pseudomännlicher Organe und auch Verhaltensweisen begünstigt. Da sind z. B. Hennen, die im hohen Alter krähen, weibliche Frösche oder Kröten, die im hohen Alter beginnen zu quaken. Auch die Entstehung des Damenbartes bei älteren Artgenossinnen unserer Spezies sind Auswirkungen der dann verringerten Östrogenkonzentration, wodurch das Testosteron aus der Nebennierenrinde eben freie Bahn bekommt. Noch komplizierter werden die Verhältnisse aber dadurch, dass gerade im Gehirn auch beim intakten männlichen Tier Testosteron häufig erst chemisch in Östradiol umgewandelt wird, bevor es dann seine Verhaltenswirkungen erzeugt. Viele Bereiche des männlichen Verhaltens werden also zwar im Körper durch Testosteronausschüttung gestartet, jedoch im Gehirn nach einer Umwandlung in das weibliche Hormon Östradiol vollzogen. Es ist erklärlich, dass gerade diese Bereiche des Verhaltens eben durch Pseudoöstrogene nicht zuverlässig unterdrückt werden können.

Die derzeit üblicherweise durchgeführte Methode der chemischen Kastration mithilfe eines

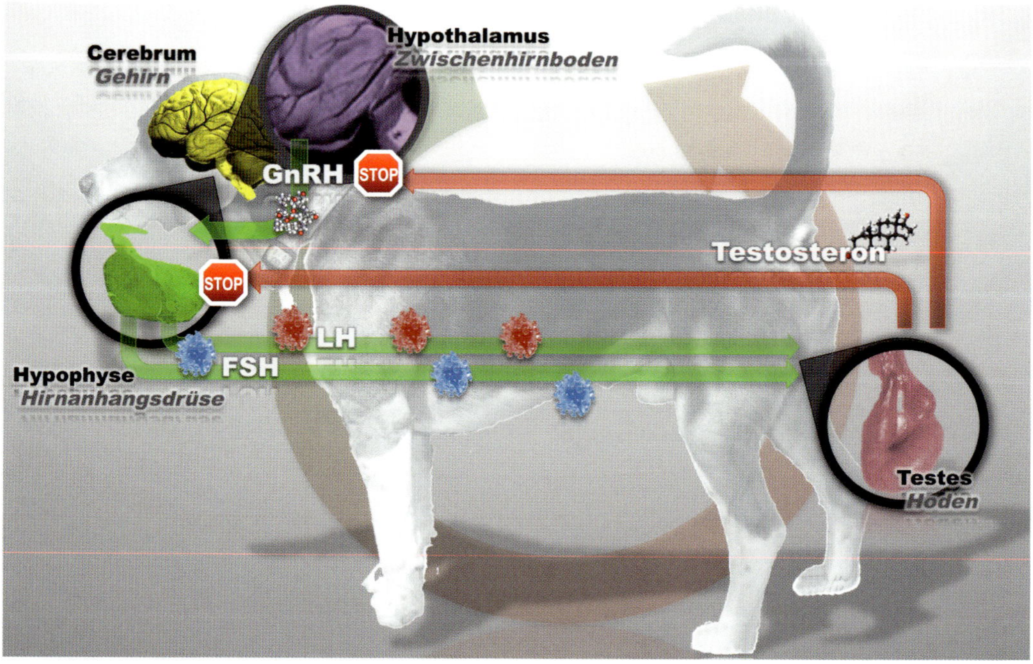

Der normale Regelkreis des Testosterons.

Hormonimplantats dagegen zeigt die Abbildung auf Seite 102. Hier wird die Ausschüttung des GnRH zunächst erhöht, und danach dann zuverlässig über die Wirkung der verringerten GnRH-Rezeptoren wiederum die Testosteronproduktion heruntergeregelt. Die schlechte Nachricht bei diesem Verfahren ist lediglich, dass es zu einer Anfangsverschlechterung kommt. Viele Hunde sind die ersten sechs Wochen nach der Implantation extrem nervig und recht hypersexualisiert, und manche Verhaltenstherapeuten verwenden daher zu der Dämpfung dieser Anfangsverschlechterung gleichzeitig eine Injektion zum Beispiel eines Antiandrogens. Die Herstellerfirma des Implantats übernimmt die Garantie, dass nach sechs Wochen keine deutlichen Sexualhormonproduktionen und auch keine Fortpflanzungsfähigkeit mehr vorliegen. Nach ca. einem halben Jahr, bisweilen aber auch erst viel später beginnt dann die Wirkung des Implantats abzunehmen und die GnRH-Produktion wird wieder auf Normalwerte eingestellt. Dann bilden sich auch wieder GnRH-Rezeptoren in den zuständigen Zellen des Gehirns und des Hodens, und die Testosteronproduktion wird wieder aufgenommen. Nicht durch systematische Studien, wohl aber durch viele Erfahrungsberichte belegt, ist, dass der Rüde in diesem Zustand am Ende der Wirkung des Implantats sozusagen noch einmal in eine zweite Pubertät kommt, und nochmals für einige Zeit richtig unerträglich und auch bisweilen übermäßig sexuell aktiv werden kann.

Dieser Zustand legt sich jedoch nach wenigen Wochen wieder und entspricht dann dem hormonellen Normalzustand des intakten Rüden.

Vielfach genügt eine einzige Anwendung dieses Kastrationsimplantats auch, um einen Rüden beispielsweise durch die besonders schwierigen Phasen seiner Pubertät zu führen und ihn in dieser Zeit etwas lernfähiger und etwas aufnahmebereiter zu machen. Jedoch, obwohl dazu keine Erfahrungsberichte systematischer Art vorliegen, würden wir empfehlen, den Kastrationschip nicht vor dem Ende des körperlichen Wachstumsprozesses einzusetzen. Die Auswirkungen auf die Verknöcherung der Wachstumsfugen und andere Veränderungen im Bereich des Bewegungsapparats sind einfach noch nicht ausreichend dokumentiert, könnten jedoch durchaus zu Veränderungen im Bereich von Knochen und Gelenken führen.

Regelkreis Testosteron am Heizungsbeispiel; normaler Regelkreis

Normal	**Testosteron-Kreislauf**	**Heizungskreislauf zur Illustration**
Sollwertvorgabe	Testosteron-Spiegel	Wohnraumtemperatur (z.B. 22°C)
Regler	GnRH-Produktion	Mischer/Thermostat
Regelung	FSH und LH werden in größeren oder kleineren Mengen ausgeschüttet	Temperatur im Heizkreis wird erhöht oder gesenkt
Stell-/Störgröße	Menge Testosteron viel oder wenig	Innentemperatur warm (z.B. > 22° C) oder kalt (z.B. < 22° C)
Rückkopplung positiv	**zu wenig Testosteron:** ■ mehr GnRH gebildet ■ mehr FSH und LH gebildet ■ somit wird mehr Testosteron gebildet	**drinnen kalt (z.B. 20°C):** ■ Mischer lässt mehr Wärme zu ■ Temperatur in den Heizungsrohren wird erhöht ■ Raumtemperatur steigt
Rückkopplung negativ	**zu viel Testosteron:** ■ GnRH Produktion wird verringert ■ FSH und LH werden ebenfalls weniger gebildet ■ die Testosteronbildung wird verringert	**drinnen warm (z.B. 24° C):** ■ lässt keine Wärme mehr in den Kreislauf ■ Temperatur in den Heizungsrohren wird abgesenkt ■ Raumtemperatur sinkt
Kreislauf	die ständige Regelung führt zu einem ausgeglichenen Testosteron-Haushalt	Die ständige Regelung führt zu einer konstanten Raumtemperatur (z.B.: 22° C)

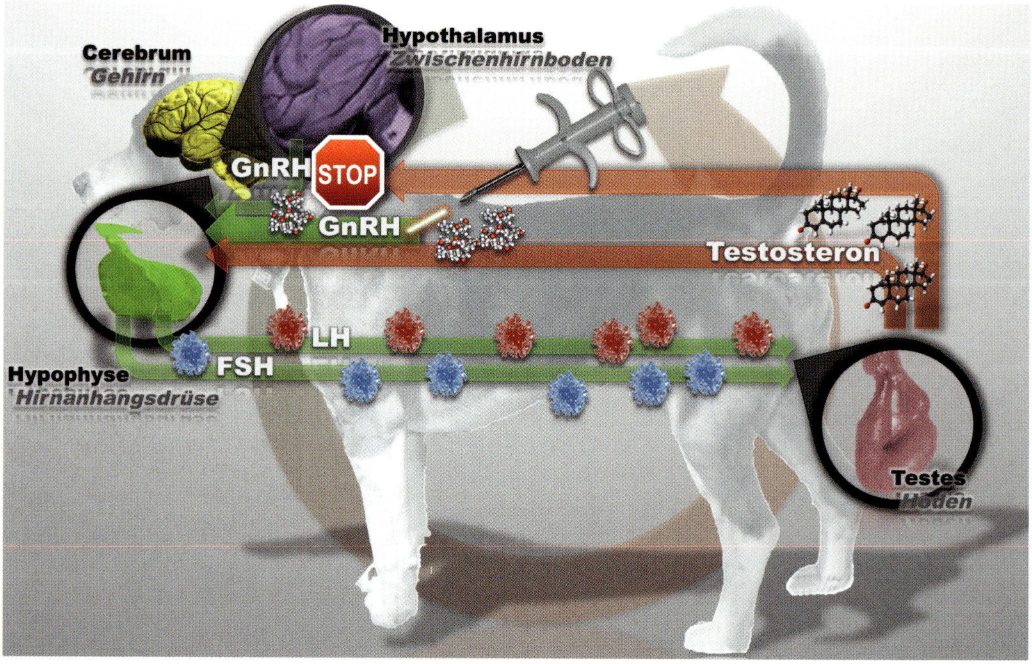

Wirkung der hormonellen Kastration mit GnRH-Implantat in den ersten sechs Wochen – es kann zur Verschlimmerung kommen.

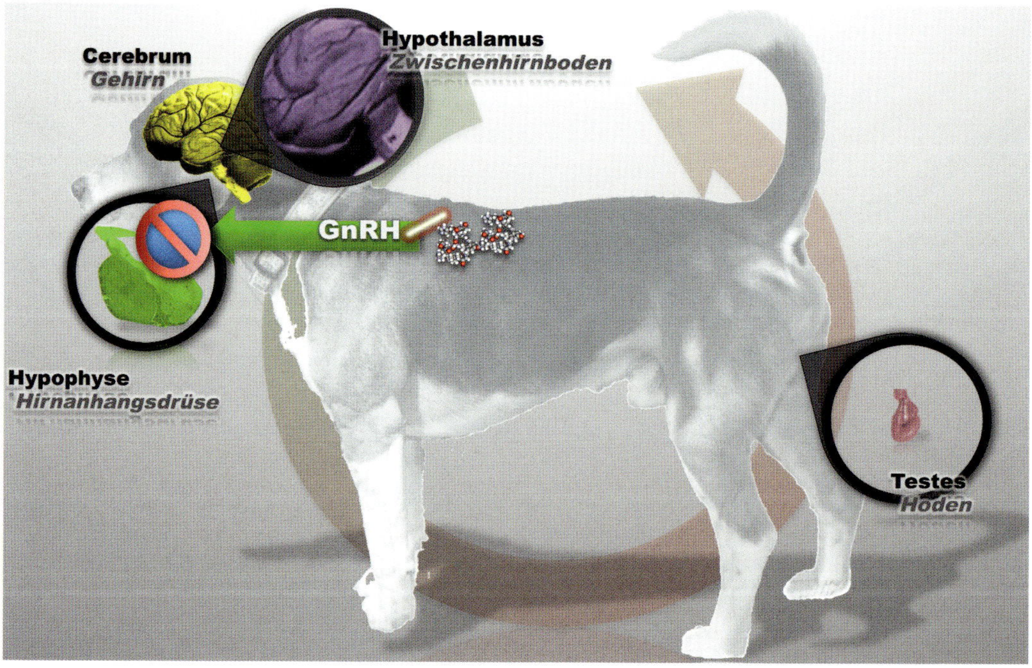

Wirkung des Kastrations-Implantats nach sechs Wochen, der hormonelle Zustand entspricht dem eines kastrierten Rüden.

GnRH-Depot	Testosteron-Kreislauf	Heizungskreislauf zur Illustration
Sollwertvorgabe	Testosteron-Spiegel	Wohnraumtemperatur (z.B. 22°C)
Regler	GnRH-Produktion	Mischer/Thermostat
Regelung	FSH und LH werden in größeren oder kleineren Mengen ausgeschüttet	Temperatur im Heizkreis wird erhöht oder wird gesenkt
Stell-/Störgröße	Menge Testosteron viel oder wenig	Innentemperatur warm (z.B. > 22° C) oder kalt (z.B. < 22° C)
Rückkopplung positiv	**erste 6 Wochen** ■ GnRH wird zusätzlich aus dem Depot freigesetzt ■ viel mehr FSH und LH gebildet ■ somit wird mehr Testosteron gebildet als üblich	**Frühjahr** ■ im Frühjahr wärmende Sonne am Tag, aber noch kalte Nächte ■ tagsüber jedoch zusätzliche Erwärmung durch Fenster ■ kurzfristige Überheizung
Rückkopplung negativ	**im Wirkzeitraum (ca. 6 Monate)** ■ ein konstant hoher GnRH-Spiegel aus dem Depot führt zu einem Abstumpfen der GnRH-Rezeptoren ■ kein Andocken von GnRH mehr möglich ■ FSH und LH werden nicht mehr gebildet ■ die Testosteronbildung wird eingestellt	**Sommer** ■ draußen konstant warm (z.B. 25° C) ■ der Mischer wird geschlossen, die Heizung wird abgeschaltet ■ keine Wärme in den Heizungsrohren ■ die Raumtemperatur wird durch die Heizung nicht mehr beeinflusst
Rückkopplung positiv	**beim Abklingen der Wirkung** ■ der GnRH Spiegel sinkt ■ die Rezeptoren werden wieder empfindlich, GnRH kann wieder andocken ■ FSH und LH werden verstärkt ausgeschüttet ■ Testosteron wird verstärkt gebildet	**Herbst** ■ tagsüber noch warm, Nächte aber schon kalt ■ Heizung muss nachts anspringen, Mischer wird geöffnet ■ Wärme fließt in die Heizungsrohre ■ kurzfristige Überheizung durch zusätzliche Sonneneinstrahlung
Wirkverlauf	Der Kreislauf kommt zum Erliegen	Im Sommer wird nicht geheizt

Hormonelle Downregulation nach Implantation des Kastrationschips am Heizungsbeispiel GnRH-Chip-Regelkreis

Herr Meier oder Mister M. – der Kastrationschip als Chance?!

Wie bereits berichtet, stand vor zwei Jahren Herr Meier, ein gerade mal halbjähriger Beaglerüde auf der Suche nach neuen Herausforderungen mit gepackten Köfferchen bei uns auf der Matte. Dass er zu diesem Zeitpunkt bereits fünf Besitzer verschlissen hatte, erfuhr ich erst später. Weil aber auch ich immer auf der Suche nach Herausforderungen bin und der Plan, mein Leben niemals nicht mit einem Beagle zu teilen dank Beagledame Andra sowieso schon gescheitert war (bereits ein Beagle war schon 100 % mehr als ich jemals haben wollte!), lies ich mich vom Beagleblick und den hübschen Denkerfalten auf der Meier-Stirn weichschmoren und aus der Pflegestelle wurde ein Lebensanstellung für Herrn Meier. Und eine temporäre Nervenprobe für alle anderen Zwei- und Vierbeiner im Haushalt. Schnell stellte sich nämlich heraus, dass der pubertierende Jungspund in seinem Leben bis dato zwar gelernt hatte, dass man mit der beagleeigenen Hartnäckigkeit immer ans Ziel kommt, dass man aus jeder Auseinandersetzung als Sieger herausgehen kann, wenn man nur immer sein Gesicht wahrt, dass sich das Universum um Beagles, im Speziellen um Meier dreht. Man zur Not auch mal oder sogar mehrmals umziehen darf (auch das ist ja spannend!), wenn man es geschickt anstellt. Noch nie zu hübschen Beagleohren gekommen waren ihm hingegen die Worte Konsequenz, Regeln, Grenzen und Ähnliches. So was benötigt der Beaglewortschatz nicht. Zum Glück auch noch nicht zu ihm herumgesprochen hatte sich das Wort Aggression – knurren habe ich ihn bis heute nie gehört. Aber auch sonst war es mit hundlicher Kommunikation nicht weit her, er hatte es ja nie gelernt. Was er hingegen gelernt hatte war unglaubliches Selbstbewusstsein, eine absolute Unbeeindruckbarkeit gegenüber jeglichen Abbrüchen, seien es welche von Artgenossen oder von Zweibeinern, eine absolute Schmerzunempfindlichkeit und ein »Ich, Ich, Ich!« wie es seinesgleichen sucht. Ein absolut abschreckender A-Typ. In diesem Falle »A« wie arrogant, arschmadig, absolut, abgehoben, abgebrüht, anstrengend, aktiv, asozial, aufdringlich und aufmüpfig. Schnell bereuten die anderen Hunde, dass sie Haushunde

Herr Meier

sind und nicht mal eben so abwandern können. Vor allem das Dönertier, die alte Dame war entsetzt über derartig respektloses Verhalten. Im Normalfall reicht ein Blick von ihr – der Blick! – und alle anderen Hunde fallen erst mal prophylaktisch tot um und verharren in stabiler Seitenlage. Meier fand den Blick aber offenbar anturnend und provozierte unentwegt weiter. Dabei war er immer unglaublich provokant, trug die Rute bis zur Nase, gab nie klein bei und brachte damit alle zur Weißglut – ohne dabei aggressiv zu werden. Aber das machte die Sache auch nicht besser und es schepperte gewaltig. Inzwischen war Meier ein Jahr alt, das Längenwachstum abgeschlossen und unsere Trainerin brachte die Kastration ins Spiel. Das war für mich noch während des Studiums normal, inzwischen aber nicht mehr und ich konnte mich nicht zu der Entscheidung durchringen. Macken trug er damals viele davon, aber das störte ihn ja nicht. Bis es eines Tages vor der Terrassentür zu einem Beißvorfall mit einem Herdenschutzhund kam, der sich dieses provokante Getue nicht bieten lassen wollte. Er packte Meier und durchlöcherte ihn so sehr, dass man durch beide Backen durchschauen konnte und ich wochenlang multiple Abszesse spülen musste (auch das störte ihn natürlich nicht!). Als der Herdenschutzhund wieder abließ – ein Eingreifen hätte die Situation nur weiter eskalieren lassen – stand Meier auf, schüttelte sich kurz das Blut ab und ging mit den Worten hin »O.k., Kumpel, wir können weitermachen!«, die Rute weiterhin hoch erhoben und das Kreuz durchgedrückt. Ab da war mir klar, dass etwas passieren musste, denn der Hund nervte nicht nur alle, sondern lebte mit seiner Art auch sehr gefährlich. Er war Testos Teron, nur dass das Testosteron bei ihm nie eine sexuelle Wirkung entfaltete – ich konnte und kann ihn jederzeit auch von Hündinnen in der Standhitze abrufen – sondern bei ihm ausschließlich die selbstbewusst machende Wirkung auftrat und -tritt. Also rang ich mich nach langem Hin und Her durch und startete den chemischen Probelauf mit dem Kastrationschip. Erwartungsgemäß war er die ersten sechs Wochen, sofern das überhaupt möglich ist, noch schlimmer als vorher, aber nach den längsten sechs Wochen meines Lebens trat die erwartete Wirkung ein: Das Selbstvertrauen ging mit der Schrumpfung der Hoden auf ein erträgliches Normalmaß zurück und Meier hatte als Mister M. (»Meier ohne Eier«) die Chance, unter dieser veränderten Situation erstmals die Erfahrung zu machen, dass es manchmal auch hilfreich ist, einfach nur die Klappe zu halten und vielleicht sogar mal klein beizugeben. Das zeigt die leichte Verallgemeinbarkeit von Regeln und Grenzen in der Pubertät im Gegensatz zum mühsamen Versuchs- und Irrtumslernen in der Zeit danach. Nur durch Wegnahme des Meier-Tunnelblickes war in diesem Fall ein Lernen durch Beobachtung, Nachahmung etc. möglich.

Durchatmen auf allen Seiten! Und tatsächlich, das in dieser Zeit Gelernte war nachhaltig und Meier ist inzwischen wieder ein »intakter«, aber erträglicher und sogar sehr souveräner Rüde, der nicht mehr der Meinung ist, immer und überall in der ersten Reihe mitmischen und das letzte Wort haben zu müssen. Auch das Dönertier ist inzwi-

schen seinem Charme erlegen und die beiden bilden sogar das Strodtbecksche Leitpaar.
Die Geschichte des Herrn M. ist ein schönes Beispiel dafür, dass man die temporäre chemische Kastration beim Einzelfell auch für therapeutische Zwecke nutzen kann. Allerdings sollte in einem solchen Fall wirklich darauf geachtet werden, dass das Längenwachstum abgeschlossen ist, sprich die Wachstumsfugen geschlossen sind. Das Wachstum selbst wird durch ein Hormon gesteuert, das Wachstumshormon STH (Somatotropes Hormon). Dieses Hormon wird bis zum Ende der Pubertät ausgeschüttet. Durch ein Zusammenwirken des Wachstumshormons mit den Sexualhormonen Testosteron und Östrogen kommt es mit dem Beginn der Pubertät zu einem Wachstumsschub. Mit der Abnahme des Hormonspiegels des Wachstumshormons wird dieser Prozess verlangsamt. Schließlich schließen sich die Wachstumsfugen dann zu einer feinen Linie und das Längenwachstum ist abgeschlossen. Die Pubertät hat er problemlos durchlaufen und ich bin sehr froh, dass es den chemischen Probelauf gibt, denn eine Veranlassung zur chirurgischen Kastration ist nicht gegeben, und der Eier-Meier wird auch in Zukunft der Eier-Meier bleiben.
Übrigens ist ihm, was die jagdliche Motivation angeht, erst zu Zeiten des Chips bewusst geworden, dass er eigentlich ein selbstständig jagender Jagdhund ist. Aber auch das haben wir inzwischen wieder im Griff.
Nicht extra erwähnt werden muss, dass Meier natürlich einer der Kandidaten war, die auch beim Abfluten des Chips noch einmal für zwei Wochen unerträglich wurden ...!

Fazit

Vieles im Verhalten eines Hunderüden ist durch das Zusammenspiel einer ganzen Reihe von unterschiedlichen Hormonen und Verhaltenseigenschaften zu erklären. Welche Auswirkungen die Wegnahme eines zwar wichtigen aber keineswegs allein entscheidenden Hormons, nämlich des Testosterons dabei hat, sollte in jedem Falle durch einen chemischen Probelauf vorher zuverlässig abgeklärt werden.

Frau muss sich nur zu helfen wissen – wenn die Entscheidung doch pro Kastration ausfällt ...

Da wir uns ja nicht pauschal gegen Kastrationen aussprechen und es Felle gibt, bei denen eine wohlüberlegte Kastrationsentscheidung durchaus Sinn macht, sei an dieser Stelle von Luis berichtet, einem hypersexuellen Parson Russell Terrier. Bei Luis war sich der Betreuungsstab bestehend aus TrainerIN, TierärztIN und FRAUchen tatsächlich sicher, dass man diesem Hundchen eine Menge Stress durch die Wegnahme der Sexualhormone nehmen würde. Denn Luis war nur im Popp-Modus unterwegs, und zwar in diesem Fall tatsächlich sexuell motiviert. Wenn irgendwo im Umkreis von zehn Kilometern eine Hündin läufig wurde, blieb das Luis nicht verborgen und tagelanges Heulen, Futterverweigerung und extreme Unruhe waren die Folge. Luis war nicht mehr ansprechbar. Und »dann« war eigentlich immer. So wurde abgewartet, bis Luis durch die Pubertät war, und mit eineinhalb Jahren ein Termin zur Kastration vereinbart. Das Ganze drei Mal. Ebenso drei Mal rief dann jeweils das Herrchen bei besagtem Tierarzt an und sagte den Termin wieder ab, weil

Manche Rüden heulen ununterbrochen und verweigern die Nahrungsaufnahme, wenn sie den Duft einer läufigen Hündin in die Nase bekommen. Echte Hypersexualität kann eine Indikation für die Kastration darstellen.

Zwei unkastrierte Rüden beim Spiel.

man seinen Hund ja nicht einfach so kastrieren könne. Man muss aber dazu sagen, dass Herrchen der Einzige war, der mit der Situation keinerlei Stress hatte – im Gegensatz zu Hund und Frauchen. Denn Herrchen war zwar derjenige, der abends auf der Couch mit Luis kuschelte, aber nicht derjenige, der sich um die Erziehung des Hundes und das Spazierengehen mit ihm, dessen Hirn eine Stufe tiefer gerutscht war, kümmerte. Für ihn war Luis einfach nur ein ganzer Kerl, und das sollte er auch bleiben. Und nun kommt die weibliche Raffinesse – man kann sie getrost auch als perfide Hinterhältigkeit bezeichnen – ins Spiel. Es wurde vereinbart, dass das Frauchen eines Tages »plötzlich verhindert« war und so das Herrchen an diesem Tag ausnahmsweise mit dem Hund raus musste. Was Herrchen nicht wusste war, dass die übliche Strecke vorher mit dem Urin einer läufigen Hündin präpariert worden war ... Als nach dieser Runde der Arm des Herrchens wieder auf normale Länge zusammengeschrumpft war, wurde sofort ein weiterer Kastrationstermin vereinbart – und diesmal eingehalten.

Luis ist heute ein durchaus zufriedener, geerdeter und stressfreier Kastrat, der sein Leben in vollen Zügen genießt und inzwischen auch mitbekommen hat, dass die Welt einem Parson Russell Terrrier auch anderes Spannendes zu bieten hat als die Damenwelt.

Die Hündin – Frauen sind komplexer

8

Die Hündin – Frauen sind komplexer

Hormone und Organe

Im Vergleich zum Rüden, der hormonell und anatomisch recht übersichtlich ist, weist die Hündin eine Reihe von Besonderheiten auf. Insbesondere ist sie durch die abwechselnde Tätigkeit verschiedener Hormone auch im Verhalten unterschiedlich eingestellt. Zu den sogenannten typisch weiblichen Hormonen, die jedoch keineswegs ausschließlich im weiblichen Geschlecht auftreten, gehört zum einen die Gruppe der Östrogene, insbesondere das Östradiol, das als eigentliches weibliches Sexualhormon bezeichnet wird. Zum anderen findet sich bei der Hündin das Progesteron, das eher als Schwangerschaftshormon bezeichnet werden kann.

Die weiblichen Geschlechtsorgane, wie bereits auf Seite 36f dargestellt, bestehen zunächst aus den Eierstöcken, in denen die Eier heranreifen und die den überwiegenden Teil der Östrogene produzieren. Von dort gelangen die Eier dann über die Bauchhöhle in den Wimpertrichter und werden in geschilderter Weise den weiblichen Geschlechtstrakt abwärts befördert bis zur Gebärmutter. Uns interessiert hier weniger, was passiert, wenn eine Hündin erfolgreich begattet und befruchtet wird. Uns interessieren mehr die Vorgänge im Zusammenhang mit der regelmäßigen abwechselnden Tätigkeit der Sexualhormone während einer nicht erfolgreich durch einen Deckakt beendeten Läufigkeit und danach.

Nicht zu den weiblichen Geschlechtsorganen im engeren Sinne gehört dagegen das Gesäuge. Die Milchdrüsen eines Säugetiers sind umgewandelte Schweiß- und Talgdrüsen, somit gehören sie anatomisch zu den Hautdrüsen. Auch wenn sie unter der Kontrolle mancher Hormone stehen, die im Zusammenhang mit der Geschlechtstätigkeit genannt werden, sind dies als Hormone der Hirnanhangsdrüse (Oxytocin und Prolaktin) eigentlich keine Sexualhormone. Dass die Milchdrüsen trotzdem im Zusammenhang mit der Kastrationsdiskussion immer wieder auftauchen, hat zum einem mit ihrer Aktivität im sogenannten Zyklus der Hündin zu tun, zum anderen mit den später noch zu besprechenden falsch interpretierten Statistiken im Zusammenhang mit der Tumorentstehung.

Von den sogenannten weiblichen Hormonen selbst ist zunächst die Gruppe der Östrogene zu benennen. Diese haben im Verhaltenszusammenhang neben der ebenfalls, genau wie beim Testosteron zu beobachtenden angst- und stresslösenden Nebenwirkung im Gehirn auch noch andere Aufgaben. Dazu gehört zum einen die Auslösung des weiblichen Verhaltens, insbesondere des weiblichen Sexualverhaltens, außerdem aber auch die Auslösung von Aggressivität und bisweilen auch von Stressanfälligkeit im Zeitraum rund um die Läufigkeit. Zudem wirkt sich Östrogen auf die Einlagerung von Flüssigkeit im Gewebe aus, lockert das Bindegewebe und beeinflusst die Mineralisation der Knochen. Alle diese Wirkungen können auch unsere weiblichen Artgenossen an sich selbst regelmäßig feststellen.

Die zweite Komponente des weiblichen Hormonsystems ist das Progesteron. Progesteron wird nach der Läufigkeit beim Hund produziert, es stammt überwiegend aus dem sogenannten Gelbkörper, und beeinflusst neben Gewichtszunahme und Veränderung des Stoffwechsels, Fetteinlagerung und anderen körperlichen Symptomen auch das Verhalten. Progesteron gesteuerte Hündinnen werden eher ruhig, vorsichtig bis ängstlich, und wirken bisweilen gerade zu depressiv verstimmt.

Nach neueren Erkenntnissen aus der menschlichen Hormonforschung, die jedoch auch von anderen Tierarten gestützt werden, sind weder Östrogen noch Progesteron alleine für die genannten Verhaltensäußerungen und Verhaltensunterschiede während des weiblichen Zyklus verantwortlich. Vielmehr ist es das Mischungsverhältnis von Östrogen zu Progesteron, das die Verhaltensweisen beeinflusst. Die sogenannte Östrogen-Dominanz, eine übermäßig hohe Konzentration von Östrogen bei geringem Progesteron-Spiegel, ist für eine Reihe von emotionalen Instabilitäten, leichte Erregbarkeit, Zickigkeit etc. rund um den Zeitpunkt des Eisprungs verantwortlich. Der plötzliche Abfall des Östrogens, bei Menschen am Ende des Zyklus besonders deutlich zu beobachten, ist dagegen für die dann auftretende Depressivität und eher stressbetonte Aggressivität und Unleidigkeit verantwortlich.

Ähnliche Verhältnisse sind wohl auch bei unterschiedlichen Reaktionen rund um den Läufigkeitszyklus einer Hündin zu erwarten. Auch hier gibt es Hündinnen, die im Zustand der eigentlichen Läufigkeit sehr aggressiv und leicht reizbar sind und andere, die zu dieser Zeit sehr verängstigt sind. Wieder andere werden in der Scheinträchtigkeit regelrecht depressiv.

Kastrationsursachen

Insbesondere bei Hündinnen wird ja sehr häufig die Kastration zur vorbeugenden Vermeidung von zwei gefährlichen Erkrankungen betrieben: Zum einen hält sich hartnäckig das Gerücht, dass eine Kastration die einzige Möglichkeit wäre, Gesäugetumore zu verhindern, zum anderen wird sehr häufig das Schreckgespenst der Gebärmutterentzündung entwickelt.

Im Zusammenhang mit der Gebärmutterentzündung ist ganz klar zu vermerken, dass eine kastrierte Hündin, noch dazu, wenn auch die Gebärmutter entfernt wird, so gut wie keine Gebärmutterentzündung mehr bekommen kann. Jedoch rechtfertigt dies nach medizinischer wie auch juristischer Einschätzung nicht die vorbeugende Kastration. Wer seine Hündin insbesondere im Zeitraum nach der Läufigkeit gut beobachtet, auf bestimmte Symptome wie übermäßiges Trinken, erhöhte Körpertemperatur, Mattigkeit, ggf. auch Scheidenausfluss achtet, und sie regelmäßig dem Tierarzt vorstellt, sollte vor dieser Erkrankung einigermaßen sicher sein. Zudem ist das Risiko einer Gebärmutterentzündung (die Statistiken verschiedener Länder zeigen hier zwar unterschiedliche Häufigkeiten, jedoch alle weit geringer als die negativen Auswirkungen einer Kastration) durchaus abzuwägen gegen das Risiko anderer gesundheitlicher Folgen nach der erfolgten Kastration. Hier wäre beispielsweise nochmals auf die Statistik hinzuweisen, wonach bei bestimmten großen Rassen (z. B. bei Boxern) bis zu zwei Drittel aller Hündinnen nach der Kastration inkontinent werden, die dann zeitlebens medikamentös behandelt werden müssen.
Zudem gibt es Risikofaktoren, die die Entstehung einer Gebärmutterentzündung wesentlich stärker fördern als die »Intaktheit« der Geschlechts-

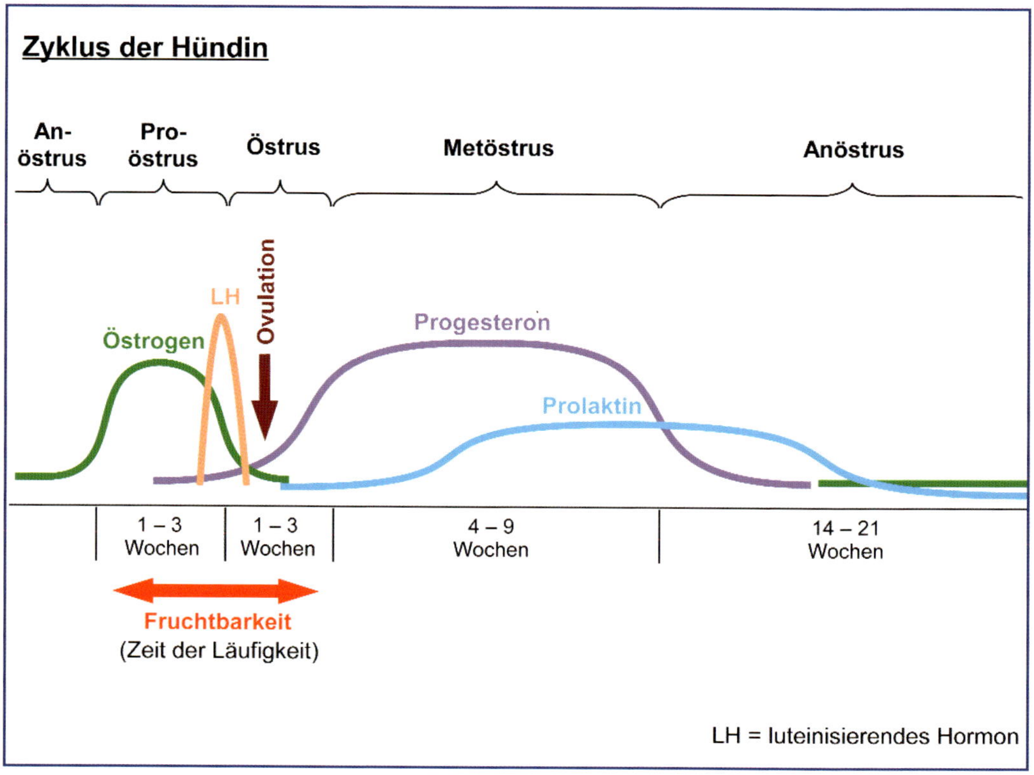

Der Zyklus der Hündin.

organe. Dazu gehört zum Beispiel die hormonelle Läufigkeitsunterdrückung bei der Hündin.

Noch deutlicher sind die Aussagen im Zusammenhang mit dem zweiten Schreckgespenst der unkastrierten Hündin, nämlich den Gesäugetumoren. Hier sind die Risikofaktoren ganz eindeutig identifiziert: nämlich Übergewicht und zu energie- und eiweißreiche Ernährung im ersten Lebensjahr sowie wieder die hormonelle Läufigkeitsunterdrückung. Diese Faktoren können auch bei einer kastrierten Hündin noch Tumore verursachen. Zudem sind die tatsächlichen Zahlen der Häufigkeit dieser Tumore sehr viel geringer als man dem Hundehalter gemeinhin erzählt. Je nach Statistik sind es wesentlich unter 8 % aller älteren Hündinnen (oberhalb des Alters von 8 Jahren) und über alle Hündinnen gemittelt unter 2 %, die jemals von dieser Art Tumor befallen würden.

Der sogenannte Zyklus

Vor der Betrachtung des sogenannten Läufigkeitszyklus der Hündin sollte voraus geschickt werden, dass es derzeit (Sommer 2011) noch keine zugelassene Methode einer chemischen Kastration der Hündin nach dem für Rüden dargestellten Schema gibt. Zwar funktionieren Rüde und Hündin in diesem Bereich der hormonellen Steuerung identisch, die Anwendung des Hormonchips für die

Hündin wäre also durchaus möglich. Dies müsste jedoch durch wagemutige Tierärzte im Sinne einer sogenannten Umwidmung geschehen, da eine generelle Zulassung des Implantats nur für den Rüden vorliegt. Jedoch wird demnächst eine Injektionslösung dieses Hormonpräparats entwikkelt werden; dann werden auch Hündinnen ohne weiteres damit behandelbar sein.

Der sogenannte weibliche Zyklus besteht aus insgesamt fünf aufeinander folgenden Phasen. Im Gegensatz zu vielen anderen Haustieren oder etwa auch unserer äffischen Situation ist beim Hund jedoch kein regelmäßiges Schwanken zwischen mehreren, sich rhythmisch wiederholenden Hormonzuständen zu beobachten. Stattdessen gibt es eine Phase kurzer und heftiger Hormonaktivität, eine Abklingphase und dann eine mehrmonatige Ruheperiode. Daher ist der Begriff Zyklus eigentlich reproduktionsbiologisch nicht gerechtfertigt. Da er sich aber in der Hundewelt eingebürgert hat, sei er auch hier verwendet.

Der Voröstrus

Die sogenannte Vor-Läufigkeit, der Proöstrus, dauert bei Wölfen und bei anderen großen Wildhundearten circa drei Monate. Beim Haushund bzw. der Haushündin ist dieser Zustand auf etwa drei bis vier Wochen verkürzt. In diesem Zeitraum kommt es zu einem Anstieg der Östrogen-Konzentration, überwiegend aus dem Eierstock. Zudem reifen die Eizellen in den sogenannten Follikeln (das sind Gruppen von Nährzellen im Eierstock) heran. Verhaltensbiologisch lässt sich in dieser Zeit eine Veränderung, insbesondere in Bezug auf das Verhalten der Hündin zu Rüden beobachten. Hat die Hündin einen bevorzugten Rüden in ihrem Umfeld, nimmt sie zunehmend mit diesem Kontakt auf. Spielverhalten, parallel laufen, Kontaktliegen, gemeinsames Markieren und andere, zunehmend synchron ablaufende Verhaltensweisen zeigen auch dem Außenstehenden, dass sich hier ein Pärchen in der Verliebt-Verlobt-Phase befindet. Auch wenn Hunde, auch Haushunde, zu Langzeit-Paarbindungen befähigt sind und diese Langzeit-Paarbindungen die Sozialstruktur der Hunde stabilisieren, wird beim etablierten Paar jedes Mal im Zustand des Voröstrus diese erneute Bestätigung und erneute Werbephase wieder abgespielt.
Am Ende des Proöstrus kommt es schließlich bei der Hündin zur Blutung, die dann den Beginn der nächsten Phase des Zyklus einläutet.

Östrus (= Läufigkeit)

Im Zustand der eigentlichen Läufigkeit ist die Konzentration an Östrogen sehr hoch. Es kommt nun zum Eisprung, d.h. die Eier werden aus den Follikeln frei und können in den weiblichen Gebärtrakt eingestrudelt werden. Normales Östrus-Verhalten der Hündin ist das auffallende weibliche Sexualverhalten, insbesondere am Höhepunkt die sogenannte Standhitze, bei der die Hündin auf leichte Berührung der Schwanzwurzel hin bereits die Paarungsaufforderungs-Stellung einnimmt. Hündinnen sind zu dieser Zeit normalerweise aggressiv gegen andere Hündinnen, ebenso gegen rangtiefe und/oder unerwünschte Rüden, und bieten sich nur den für sie interessanten Rüden durch das Läufigkeitsverhalten sehr deutlich an. Manche Hündinnen sind in diesem Zustand auch unter dem Einfluss des Östrogens in Wechselwirkung mit erregenden und stressauflösenden Schaltkreisen im Gehirn extrem verängstigt und/oder nervös. Die genaue Einschätzung der jeweiligen hormonellen Zusammenhänge ist hier für die Kastrationsbefürwortung oder Ablehnung von wichtiger Bedeutung.

Eine Hündin in der Standhitze mit geschwollener Vulva.

Die bereits wiederholt erwähnte Bielefelder Kastrationsstudie hat deutlich gezeigt, dass Aggressionsprobleme bei Hündinnen nur dann durch die Kastration gebessert werden können, wenn diese Aggression, sei es gegen andere Hunde oder gegen den Halter, sich nahezu ausschließlich auf den Zeitraum rund um die Standhitze und die eigentliche Läufigkeit beschränkt.

Die echte Scheinträchtigkeit

Bei allen hundeartigen, vom Fuchs bis zum Wolf und Haushund, schließt sich an den Eisprung der Standhitze eine echte Scheinschwangerschaft an. Die leeren Follikel, die sogenannten Gelbkörper im Eierstock, bleiben nämlich so lange aktiv wie auch eine echte Trächtigkeit dauern würde. Sie geben Progesteron ab, und dieses als Schwangerschaftshormon bezeichnete Hormon verändert nicht nur die Stoffwechselaktivitäten der Hündin, sondern führt auch zu einem zunehmend anhänglicheren, sozial motivierteren und ruhigen bis häuslichen Verhaltensprofil. Viele Hündinnen versuchen in dieser Zeit bevorzugt, positive Sozialkontakte mit ihrer Familie sowie mit vierbeinigen Rudelmitgliedern aufzunehmen. In einem Soziogramm eines Rothundrudels im Schweriner Zoo konnte eine Diplomandin zeigen, dass zwei Monate nach der Läufigkeit extrem viel positives, bindungsförderndes Verhalten wie Fellwittern, Kontaktliegen, Nasestupsen etc. zu

Hier sieht man zwei Dinge sehr deutlich: Zum einen den sogenannten Duldungsreflex (die Hündin nimmt die Rute zur Seite und ist paarungsbereit), zum anderen einen Rüden, der sein Jacobsonsches Organ einsetzt, um den Duft der Hündin aufzunehmen.

beobachten war. Etwas zynisch überspitzt könnte man sagen, dass sich die Leithündin dieses Rudels in dieser Zeit ihrer Scheinschwangerschaft bemüht hat, das gesamte zerschlagene Porzellan zu kleben, das sie durch ihre eigene Zickigkeit rund um die Standhitze erst produziert hat.

Liebe, Streit und Leidenschaft bei den Rothunden

Die Auswirkungen der Läufigkeitszyklen und der dabei agierenden Hormone konnte die Kölner Studentin Evelyn Wieloch in ihrer Diplomarbeit am Rothunderudel des Schweriner Zoos zeigen. Rothunde, bekannt und gefürchtet aus dem Dschungelbuch, bilden in großen Teilen Südasiens große Rudel, und haben dort ähnliche Sozialstrukturen wie Wölfe. In dem Schweriner Rudel waren zur Zeit der Untersuchung drei erwachsene Rüden, zwei Fähen und eine Reihe von Jährlingen, die bei den folgenden Betrachtungen aber keine Rolle spielen. Die Ranzzeit war im Februar, und schon seit November kam es zu einem Anstieg der aggressiven und/oder dominanzanzeigend-drohenden Verhaltensweisen, insbesondere zwischen den Hündinnen. Im März/April war dann damit fast völlig Schluss: von 108 solchen Elementen in 20 Beobachtungsstunden waren die Attacken auf

34 im März und nur noch 17 im April abgesunken.
Die Verhaltensweisen des freundlich/unterwürfigen Verhaltens, Begrüßens und Spielens dagegen, die im Februar ebenfalls sehr hoch waren (589) blieben erhöht mit 278 im März und 166 im April. Besonders die ranghöhere Hündin, die allein 68 aggressive und 68 freundliche Verhaltensweisen im Februar aufwies, war an diesen Entwicklungen beteiligt.

Vielfach sind Hündinnen in dieser Zeit stress- und angstanfällig. Dies liegt an den Wechselwirkungen des Progesterons mit den erregenden Schaltkreisen im Gehirn insbesondere im Bereich des Emotionsgehirns, des limbischen Systems. Hündinnen, die zu dieser Zeit extrem unter Stress- und Angstanfällen leiden, können auch zu der Gruppe derer gehören, bei denen eine Kastration aus Verhaltenssicht sinnvoll wäre. Jedoch ist auch hier eine genaue Abklärung der Grundpersönlichkeit Voraussetzung.

Stress mit der Läufigkeit

Lucia ist eine Border-Collie-Deutsch-Kurzhaar-Mix-Hündin, die bis zur 13. Lebenswoche auf einem Bauernhof aufwuchs. Sie hatte dort kaum Erfahrungen mit Menschen, anderen Hunden, geschweige den Zivilisationsgeräuschen/-eindrücken machen können. Daher erschien sie der Halterin bereits bei Übernahme sehr ängstlich und wenig umweltstabil. Durch langwieriges Training und intensive Betreuung in der Familie stabilisierte sich ihr Verhalten zunehmend, und Lucia wurde ein arbeits- und beschäftigungsfreudiger, insgesamt eher weiblich agierender Hund.
Jedoch war jedes mal bereits mehrere Wochen vor der eigentlichen Läufigkeit das Verhalten von Lucia zunehmend durch Unsicherheit, später Angst bis hin zu Panikanfällen gekennzeichnet. Anfänglich verkroch sie sich nur zu Hause unter der Küchenbank und mied Menschenansammlungen, später schließlich steigerte sich ihr Verhalten bis zu völliger Hysterie und handlungsunfähiger Panik. In der Scheinträchtigkeit war sie dann zunächst stark depressiv, und wurde anschließend wieder zu dem bekannten ausgeglichenen Hund.
Lucia ist damit eine derjenigen Hündinnen, bei denen offensichtlich die Östrogendominanz überwiegend die erregenden Schaltkreise aktiviert, und in Kombination mit ihrer durch Reiz- und Erfahrungsarmut gekennzeichneten Welpen- und Frühjunghundzeit zu starken Stresserscheinungen führt.
Ebenso deutlich ist die durch den Östrogenabfall (Lucia wurde ja als mädchenhafter Typ beschrieben, daher war das Östrogen wohl auch sehr stark vorhanden) hervorgerufene Depression in der Scheinträchtigkeit besonders stark. Lucia wurde also fachgerecht im Anöstrus kastriert und ist seither ein ausgeglichener und gut führbarer Hund – allerdings berichtet die Halterin dafür über gesteigertes Jagdinteresse und höheren Energiestau.

Die Scheinmutterschaft

Laien und solche, die nicht zugeben, dass sie es sind, bezeichnen oft die nächste Phase, die Prolaktin-Phase, als die Scheinträchtigkeit. Jedoch ist dieser Zustand, etwa zwei Monate nach der Standhitze, durch das als Elternhormon bezeichnete Prolaktin gesteuert, nicht durch das Schwangerschaftshormon Progesteron. In diesem Zeitraum werden nicht nur Gesäugeschwellung und ggf. Milcheinschuss beobachtet, die Hündin gräbt auch Löcher in den Golfrasen, hütet Quietschtiere, möchte das Haus nicht mehr verlassen (auch eine säugende Hündin verlässt in den ersten drei Wochen nach der Geburt nie freiwillig die Wurfumgebung) und wird auch sonst durch auffallendes mütterliches Verhalten erkennbar. Viele Hündinnen sind in dieser Phase bereit, andere Jungtiere zu adoptieren, und, wie bereits erwähnt, kann die Prolaktin-Phase durch äußere Reize, wie etwa Kindchenschema, Gerüche und Umgang mit Jungtieren sogar bei kastrierten Hündinnen ausgelöst werden. Kommt es zu einer verstärkten Ausbildung der Scheinmutterschaft mit gesundheitlichen Problemen, ist diese ggf. medikamentös zu unterbinden. Jedoch sollte beachtet werden, dass das dafür häufig verwendete Medikament mit dem Wirkstoff Cabergolin ein Aktivator des Adrenalin-/Noradrenalin-Systems ist und dadurch durch das Wegspritzen der Scheinmutterschaft eine Übersteuerung des aktiven und Kampf- und Fluchthormon-Systems möglich wird.

Anöstrus

Im Anschluss an die Prolaktin-Phase kommt dann der sogenannte Anöstrus. Hierbei handelt es sich um einen mehrwöchigen bis mehrmonatigen Zustand der Ruhe im Bereich der Sexualhormone. Im Gegensatz zu vielfach verbreiteten Meinungen wird jedoch auch in diesem Zustand durchaus Östrogen produziert. Der Östrogen-Spiegel einer Hündin im Anöstrus ist immer noch fünffach so hoch wie der einer kastrierten Hündin. Deshalb sind auch Inkontinenz und andere medizinische Folgeerscheinungen der Kastration im Anöstrus normalerweise bei der intakten Hündin nicht zu beobachten.

Muss eine Hündin dringend kastriert werden, ohne dass ein unmittelbarer Notfall vorliegt, wäre der Anöstrus die beste oder eigentlich sogar einzig sinnvolle Phase dafür. Hündinnen, die in anderen Zuständen als dem Anöstrus kastriert werden, leiden oft ihr ganzes Leben unter einem hormonellen Ungleichgewicht. Da die Steuerungshormone aus Zwischenhirn und Hirnanhangsdrüse weiterhin vorhanden sind, die Produktion der von ihnen auszulösenden Geschlechtshormone jedoch unterbleibt, kommt es häufig zu einem Aufschaukeln der betreffenden Regelkreise und dadurch zu starker Verunsicherung und zu einer psychischen Instabilität der Hündin. Ganz besonderes gilt dies für Hündinnen, die im Zustand der Scheinschwangerschaft oder unmittelbar nach der Geburt, zum Beispiel im Rahmen einer Kaiserschnittoperation, kastriert werden. Hier ist es zweifellos besser, einer Hündin, die nach einem Kaiserschnitt nicht mehr in die Zucht gehen soll, einige Monate nach der Geburt der Jungen eine zweite Operation mit zweiter Narkose zuzumuten, als in einem Arbeitsgang mit den Jungtieren bei der Kaiserschnittoperation auch gleich die Geschlechtsorgane zu entfernen.

Die »Rüdin«

Hündinnen, die durch einen erhöhten Testosteron-Spiegel charakterisiert sind, zeichnen sich meist durch ganzjähriges rüpelhaftes Verhalten aus. Im Gegensatz zu dem genannten Aggressionsverhalten rund um die Läufigkeit richtet sich diese ganzjährige Rüpelhaftigkeit auch wahllos gegen andere Hunde unterschiedlicher Alters- und Geschlechtsklassen, und ist oft auch mit einem besonders Widerspruchsverhalten dem Halter gegenüber gekoppelt. Solche Hündinnen sind oftmals auch dadurch gegenzeichnet, dass

Eine Beinchen hebende Hündin.

sie zum Markieren das Beinchen heben, und dass sie eine besonders kräftige, muskulöse und robuste Gestalt aufweisen. Sie zeigen meist deutlich männlicheres Patroullierverhalten, streifen oft weiter umher und sind auch sonst im Bezug auf die Revierverteidigung aktiver.

Ursächlich dafür ist ein vorgeburtlicher Testosteronschub. Sei es, dass die Mutter bereits sehr stark testosterongesteuert, hemdsärmlich, durchsetzungsbereit und vorwärtsaktiv war, oder sei es, dass diese betreffende Hündin als Embryo zwischen mehreren männlichen Bruderembryonen gelegen hat. Testosteron ist als Hormon plazentagängig, es kann über den Nabelschnurkreislauf in den Blutkreislauf des Embryos und auch in dessen Gehirn gelangen und dort etwa am Ende des zweiten Schwangerschaftsdrittels eine Programmierung des Gehirns in Richtung männlicheres Verhalten vornehmen.

Solche Hündinnen dürfen aus Verhaltenssicht in keinem Falle kastriert werden. Ihre Rüpelhaftigkeit würde sich verschlimmern, wenn das ausgleichende Östrogen fehlt – das Testosteron hat dann freie Bahn und diese »Damen« werden ihren Haltern dadurch noch mehr »Freude« bereiten.

Die großen Doppel-Neins!

9

Die großen Doppel-Neins!

Es gibt einige Verhaltenskomplexe, bei denen eine Kastration absolut nicht angezeigt ist. Trotzdem werden auch aus diesen Gründen immer wieder Hunde kastriert. »Ihr Hund hat Angst vor Mülltonnen? Dann lassen Sie ihn erst mal kastrieren!«, so lauten häufig Kastrationsempfehlungen, die sich im Nachhinein nicht als zielführend herausstellen und das Problem oft deutlich verschärfen. Die dabei ablaufenden verhaltensbiologischen und physiologischen Hintergründe sollen im Folgenden dargestellt werden.

Jagen

Immer noch hält sich hartnäckig der Glaube, dass Jagdverhalten etwas mit Aggressivität zu tun hätte und dementsprechend auch durch Methoden der Aggressionskontrolle, einschließlich einer eventuellen Kastration, zu beeinflussen wäre. Diese Grundannahme ist sowohl aus verhaltensbiologischer wie neurophysiologischer Sicht falsch. Jagdverhalten entsteht zunächst schon in einer ganz anderen Region des Gehirns als die gesamten mit innerartlicher Aggression gekoppelten Verhaltenskomplexe. Für das Jagdverhalten ist insbesondere der sogenannte laterale Hypothalamus, also der untere/seitliche Bereich des Zwischenhirns, verantwortlich. Von dort ziehen die Fasern zum Hirnstamm, und aus dem Hirnstamm ergehen dann die Befehle zu den betreffenden Muskeln und anderen Organen. Auch die dabei beteiligten Botenstoffe sind andere als bei dem Aggressions- oder Stressverhalten. Bemerkenswert ist dies deshalb, weil in diesen Bereichen überwiegend der Botenstoff Acetylcholin verwendet wird. Dieses Acetylcholin ist häufig bei epileptischen Anfällen beteiligt. Dies erklärt auch, weshalb Fliegen schnappen, Schatten jagen und andere, aus dem Beutefangverhalten stammende Verhaltensweisen häufig bei milden Formen der Epilepsie auftreten.

Aggressionsverhalten dagegen entsteht, wie bereits mehrfach angedeutet, im Bereich des sogenannten Emotionsgehirns, des limbischen Systems. Hier wird unter Beteiligung des Mandelkerns, des mittleren Hypothalamus und der grauen Substanz im Bereich des Mittelhirns eine Verhaltenssteuerung ausgelöst. Die beteiligten Botenstoffe, z.B. Serotonin, Dopamin, Noradrenalin und andere, haben wir ja bereits in einem der vorangehenden Kapitel kennen gelernt.

Verhaltensbiologisch sind bei den beiden Kategorien ebenfalls große Unterschiede festzustellen. So ist das Ziel des Jagdverhaltens ja eine Verringerung der Individualdistanz, das Packen der Beute und letzten Endes dann auch das fachgerechte Töten und Verzehren. Das Ziel der innerartlichen Aggression ist es, störende Reize und störende Artgenossen oder andere Lebewesen aus der Individualdistanz und dem unmittelbaren persönlichen Umfeld zu entfernen, und damit das äußere Gleichgewicht, die sogenannte Allostase, wieder herzustellen. Dadurch ist auch bei Aggressionsverhalten normalerweise mit einer langsamen, graduellen Eskalation zu rechnen. Gerade innerartliche Aggression findet nur selten ohne Vorwarnung und ohne vorangehendes Droh- oder Imponierverhalten statt. Bei der Jagd dagegen wird sofort mit voller Wucht agiert, man will das Beutetier vorher nicht unnötig warnen und in Fluchtbereitschaft versetzen.

Jagdverhalten wird sich in vielen Fällen nach der Kastration verschlimmern.

Im Hinblick auf die Kastrationsfrage lassen sich bei Hunden eine Reihe von Erfahrungsberichten auswerten und auch bei Katzen gibt es systematische Studien zu diesem Thema. Die Erfahrungsberichte vieler Hundehalter zeigen, dass Hunde, insbesondere Rüden, nach der Kastration, bzw. unter dem Einfluss des Kastrationschips, eher stärker jagdlich motiviert sind. Vielfach hat man den Eindruck, dass sie nun nichts anderes mehr im Kopf haben und sich deshalb noch mehr auf die Suche und ggf. Verfolgung von Beutetieren konzentrieren können. Systematisch untersucht wurden diese Zusammenhänge auch bei Katzen. Dort konnte man zeigen, dass praktisch alle Sexualhormone (mit Ausnahme eines kleinen, in der Schwangerschaft aktiven Hormons namens Follikulin) die Jagdleidenschaft bzw. die Elemente des Beutefangverhaltens dämpfen. Kastrierte Katzen jagen also mehr bzw. sind höher motiviert und damit auch erfolgreicher als unkastrierte, mit Ausnahme eben von schwangeren Kätzinnen unter Follikulin-Einfluss.

Mäuse leben nach der Kastration des Hundes noch gefährlicher.

Diese Erkenntnisse sollten dringend dazu führen, jagdlich motivierte Hunde nicht kastrieren zu lassen, wenn dies nicht unbedingt aus medizinischen Gründen nötig erscheint.

Eine letzte allgemeine Bemerkung zum Jagdverhalten sei an dieser Stelle auch getätigt:
Es gibt nicht den sogenannten Jagdtrieb. Das Jagd- und Beutefangverhalten des Wolfes und des Haushundes besteht insgesamt aus einer Kette von circa sieben aufeinanderfolgenden Verhaltenselementen, die alle mit unterschiedlichen auslösenden Reizen und unterschiedlichen Handlungsbereitschaften ausgestattet sind. Eine Beeinflussung auch nur eines dieser sieben Elemente schließt nicht aus, dass andere Elemente dieser Verhaltenskette trotzdem noch voll aktiv sind. Schon rein aus diesem Grund ist es mehr als naiv anzunehmen, dass durch ein einziges Hormon, das dazu nicht einmal diesem Funktionskreis angehört, dann eine totale Reduktion des gesamten Verhaltenskomplexes möglich wäre.

Dies gilt auch für Hunde, die, beispielsweise wegen mangelnder Sozialisation in den Welpen- und Junghundetagen, nicht gelernt haben, Beutefangverhalten mit Artgenossen in gedämpfter, spielerischer Form oder gar nicht auszuführen. Hunde, die ansatzlos nach vorne schießen, einen

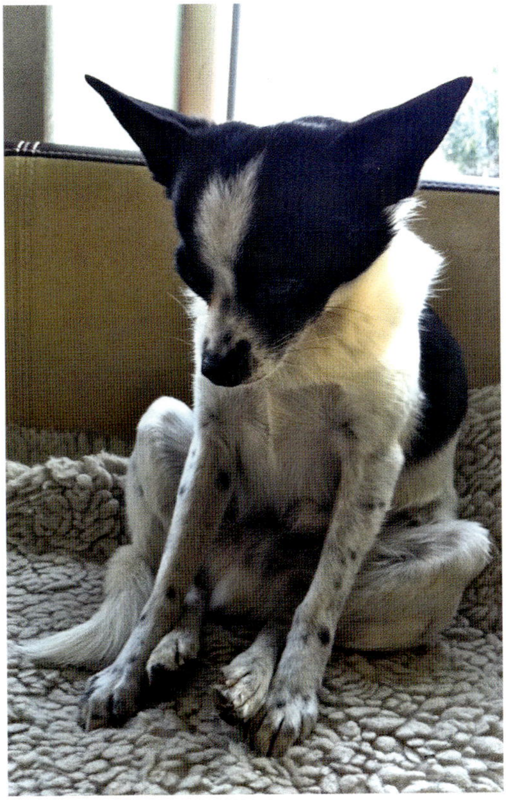

Die Kastration depressiver Hunde, ein No-Go.

Artgenossen packen und schütteln, insbesondere seitlich hin und her schütteln, zeigen Beutefangverhalten und keine Aggression. Auch dieses gefährliche Verhalten ist also im günstigsten Falle nicht durch die Kastration beeinflussbar. Im schlimmsten Fall wird es sich verstärken.

Unsicherheit, Angst und andere verwandte Verhaltensprobleme

Auch bei unsicheren Hunden wird leider sehr häufig die Kastration empfohlen, insbesondere dann, wenn sich diese Unsicherheit in einer aggressiven Form äußert. Auch hier zeigen sowohl die Ergebnisse der Bielefelder Studie und anderer Veröffentlichungen als auch die hormonphysologischen Überlegungen jedoch deutlich, dass eine Kastration hier kontraproduktiv wäre. Pauschal kann dies zunächst einmal für Rüden festgestellt werden. Angstaggressive Rüden zu kastrieren, oder überhaupt angstgesteuerte Rüden zu kastrieren, gilt durchaus auch in Tierarztkreisen als Kunstfehler. Die Problematik besteht eher darin, dass nicht nur Tierärzte, sondern auch Trainer oftmals Probleme haben, Angstaggression von anderen, eher offensiv vorwärts orientierten Aggressionsformen zu unterscheiden. Ein Hund, der bei Annährung eines Fremden bzw. eines anderen Hundes mit Abwehr und defensiver Drohmimik reagiert, oder ein Hund, der mit Selbstverteidigungsaggression reagiert, ohne vorher gewarnt zu haben, ist im wesentlichen durch die Stresshormone gesteuert. Handelt es sich dabei um eine Präventivschlagaggression, die unter dem Motto »Angriff ist die beste Verteidigung« gestartet wird, so kann diese durchaus auch ohne vorangehende Warnsignale erfolgen. Wer sich in einer ausweglosen Situation befindet, und sich durch einen Befreiungsschlag Luft verschaffen möchte, tut gut daran, den Gegner nicht vorher zu warnen. Meist wird diese Situation ja als lebensbedrohlich empfunden, da ist es nicht sinnvoll, vorher den Feind zu informieren, dass man sich gerade verteidigen möchte. Deshalb starten viele dieser Selbstverteidigungsattacken ohne jede Vorwarnung. Dann sind sie zwar auch schwer von Beutefangverhalten zu unterscheiden, da aber auch Beutefangverhalten, wie wir gesehen haben, kein Grund für Kastration ist, wäre hier die Differenzialdiagnose auch sekundär.

Die zweite Variante der Defensivaggression ist die, die auch vorher durch defensives Drohver-

Unsichere Rüden sollten unter keinen Umständen kastriert werden, wenn keine zwingend notwendige medizinische Indikation vorliegt!

halten angedeutet wird. Vielfach handelt es sich auch dabei um Hunde, die aus Unsicherheit, Ressourcenverteidigung oder anderen Gründen eine sogenannte situative Dominanz einfordern. Situative Dominanz ist eine Erscheinung, die in Gruppen und Rudeln von Wölfen, Hunden und anderen Hundeartigen häufig zu beobachten ist. Dabei wird auch entgegen der sogenannten stabilen Rangordnung gehandelt, auch ein rangtiefes Tier kann durchaus durch situative Dominanz einen Wunsch äußern, sei es eine Verteidigung einer Nahrungsressource oder anderer, vergleichbar wichtiger Dinge. Die situative Dominanz wird meistens in Situationen gezeigt, in den zugleich das Stresshormon Cortisol ausgeschüttet wird. Cortisol, das Hormon des Kontrollverlusts, haben wir ja bereits in seiner Wirkung kennengelernt (näheres zur Dominanz siehe Kapitel »Kein Häuptling ohne Indianer«).

Auch bei der sogenannten Territorialverteidigung ist eine differenzierte Betrachtung nötig. Die eher defensive Territorialverteidigung ist häufig mit Unsicherheit und Ressourcenverteidigung allgemein und damit offensichtlich mit der Cortisolsteuerung gekoppelt. Auch hier gilt also, dass bei Rüden in diesem Falle eine Kastration eher nicht angeraten ist. Bei Hündinnen gelten wiederum die im Folgenden jahreszeitlich bzw. zyklusabhängig unterschiedlich zu differenzierenden Auftretenshäufigkeiten.

Hunde, die beispielsweise aus ungünstigen Haltungsbedingungen stammen, längere Zeit im

Tierheim verbracht haben, gar importierte Auslandshunde sind, haben meist im Laufe ihrer Vorgeschichte mit den genannten Kontrollverlust-Erscheinungen zu kämpfen gehabt. Ist dann auch noch die Persönlichkeit eher zurückhaltend und abwartend-beobachtend, der sogenannte B-Typ, so ist die Gegenspieler-Wirkung der Sexualhormone für die Kontrolle der Cortisolausschüttung auf jeden Fall dringend erforderlich.

Bei Rüden ist es zunächst unumgänglich, vor einer möglichen Kastrationsentscheidung, auch bei echten Aggressionsauffälligkeiten, eine genaue Ursachenanalyse des auftretenden Verhaltens mit Hilfe von Ausdrucksverhalten, Kontext und Persönlichkeit des Hundes vorzunehmen.

Noch schwieriger wird die Situation bei Hündinnen. Unsichere Hündinnen, die zugleich eher Testosteron gesteuert sind, können tatsächlich nach einer Kastration eine Besserung erzielen. Wenn die Östrogene wegfallen, können die Nebennierenrinden mehr Testosteron produzieren bzw. dieses, das ja wie wir gesehen haben auch im Stresszusammenhang aus der Nebennierenrinde kommt, kann seine Wirkung freier entfalten. Dies dürfte der Hintergrund dafür sein, dass bei unsicheren Hündinnen in der Bielefelder Studie teilweise die Kastration zur Besserung geführt hat.

Anders ist es dagegen bei eher östrogen- und/oder progesterongesteuerten Hündinnen. Hier muss dann wieder unterschieden werden, ob die Unsicherheit ganzjährig oder nur zu Zeiten des Östrus auftritt. Ganzjährig unsichere Hündinnen, die eher vom weiblichen Typ, also östrogengesteuert erscheinen, dürften sich nach der Kastration nicht verbessern, bisweilen sogar verschlimmern. Die Bielefelder Studie hat leider die genannten unterschiedlichen Persönlichkeitstypen der Hündinnen nicht differenziert, jedoch verbergen sich möglicherweise gerade diese eher östrogengesteuerten, unsicheren Hündinnen unter denjenigen, die bei der Studie keine Besserung nach der Kastration aufweisen konnten. Ein indirekter Hinweis, dass auch bei Hündinnen die Cortisolsteuerung nach der Kastration zunimmt, ergibt sich aus anderen Zahlen: Circa 60 % aller kastrierten Hündinnen sind durch eine erhöhte Ressourcenaggressivität auffällig. Da nun die Verteidigung von Nahrung und anderen lebenswichtigen Ressourcen unter der Steuerung des Cortisols steht, ist verständlich, weshalb sich hier etwas verschlechtert.

Hündinnen, die ausschließlich im Umfeld der Läufigkeit durch Unsicherheit auffallen, sind höchstwahrscheinlich solche, die mit einem besonders hohen Spiegel an Sexualhormonen rund um die Standhitze ausgestattet sind, und eine Imbalance der beiden Sexualhormone Östradiol und Progesteron aufweisen. Weitgehend und durchgängig zu beobachten ist eine Verstärkung von Angst, Unsicherheit, aber auch depressiv-inaktiv verstimmten Verhaltens in der Progesteron-Phase, also der eigentlichen Scheinschwangerschaft. Diese Wirkung beruht darauf, dass das Progesteron normalerweise während der Trächtigkeit die Aktivitäten verschiedener gekoppelter Gehirnregionen dämpft, die sich mit Erregung und Aktivität sowie aktiver Problemlösung befassen; dies geschieht sowohl elektrisch als auch durch Rezeptor-Beeinflussung und -Veränderung. Durch Kastration wird diese Form von Ängstlichkeit weitgehend unwahrscheinlich, da es keine Progesteron-Phase nach der Läufigkeit mehr geben wird. Etwas anders ist die Situation, wenn

Bei Hündinnen kann eine Kastration Besserung bringen, wenn die Unsicherheit zyklusbedingt ist.

während der Scheinmutterschaft, also der Prolaktin-Phase Unsicherheiten und Ängste auftreten. Ist die Prolaktin-Ausschüttung, wie mehrfach geschildert, durch Außenreize bedingt, kann dies auch nach der Kastration weiterhin auftreten, und auch die damit verknüpfte Unsicherheit nicht ändern.

Von besonderer Bedeutung für die Bewertung von Kastrationsanfragen sind Vorgänge, bei denen durch Wechselwirkung zwischen Östrogen, Progesteron und den daraus entstehenden Auswirkungen auf erregende und hemmende Rezeptoren im Gehirn Verhaltensveränderungen ausgelöst werden. Sowohl in humanphysiologischen Studien als auch in Untersuchungen an Labortieren ist heute belegt, dass ein relativer Überschuss von Östrogen bei sehr geringem Spiegel von Progesteron zur Reizbarkeit und Übererregbarkeit einschließlich starker Stimmungsschwankungen führen kann (sogenannte Östrogendominanz). Auf neurochemischer Ebene ist die erregende Wirkung der Östrogene auf eine Erhöhung der Konzentration von Serotonin, Dopamin und Noradrenalin bei gleichzeitiger Senkung des hemmenden Botenstoffs Monoaminooxidase im Hirnstamm zu begründen. Gleichzeitig werden auch die Rezeptoren des Typs NMDA, sowie Rezeptoren für die Botenstoffe Glutamat, Acetylcholin und Serotonin in ihrer Aktivität beeinflusst. Eine Steigerung der genannten NMDA-Rezeptorempfindlichkeit wird zu einer stärkeren Reaktion auf erregende Reize bzw. zu einer stärkeren Reaktion von Zellen führen, die durch andere erregungssteigernde Botenstoffe angesteuert werden. Dies könnte eine starke Erregbarkeit der Hündin in der Phase von Voröstrus und Östrus herbeiführen. Kommen dann noch fehlende Sozialisationsstimmungen in der Frühentwicklung der Hündin hinzu, beispielsweise Hündinnen, die in diesem Zeitraum mit wenigen, einseitigen oder nicht erfolgversprechenden Umweltreizen konfrontiert wurden, werden insgesamt Anfälligkeiten für Übererregung bis hin zu Panikattacken nicht unwahrscheinlich.

Fazit

Während es für die Kastration eines eher unsicheren, ängstlichen und damit cortisolgesteuerten Rüden (außer im medizinischen begründeten Einzelfall) keine Indikation gibt, ist bei der Hündin eine sehr genaue Analyse des auftretenden Unsicherheitsverhaltens, seine jahreszeitliche und zyklusabhängige Verteilung und ggf. der Grundpersönlichkeit der Hündin nötig. Dazu sollten auch die Sozialisationsbedingungen, gegebenenfalls die Wurfzusammensetzung und Faktoren wie Markierverhalten etc. mit herangezogen werden, bevor eine Einzelfallentscheidung getroffen wird.

Fellbeispiel Larry

Larry ist ein sehr unsicherer bis ängstlicher zweijähriger Hund aus Griechenland, der seit einem halben Jahr in Deutschland lebt. Eigentlich einer der Kandidaten, bei denen die Kastration nur nach hinten losgehen kann. Trotz bzw. wegen aller Unsicherheit hatte Larry gelegentlich Zoff mit manchen Rüden, alle paar Wochen kam laut Aussage des Frauchens mal einer, mit dem es nicht so passte, und es kam zu lautstarken Auseinandersetzungen ohne Folgen oder Verletzungen. Meist waren die »Gegner« besonders forsche Kontrahenten, so dass Larry bei solchen Exemplaren beschloss, die »Angriff-ist-die-beste-Verteidigungsstrategie« zu fahren. Anstatt an der Führkompetenz des Frauchens zu arbeiten und Larry Sicherheit zu vermitteln, wurde die Kastration zur Abhilfe des Problems empfohlen. Glücklicherweise landete das Frauchen bei einem Kollegen, der empfahl, vorerst den Kastrationschip als Probelauf einzusetzen. Die ersten sechs Wochen nach der Implantation schien das Experiment vom Erfolg gekrönt – Larry fuhr keinerlei Attacken mehr und wurde zum gelassenen Vorzeigehund. Allerdings hielt dieser entspannte Zustand leider nur die ersten sechs Wochen an, von denen aufmerksame Leser des Kapitels über die chemische Kastration wissen, dass sie von einem Übermaß an Testosteron geprägt sind. Und aufmerksame Leser haben bis hierher schon erfahren, dass Testosteron selbstbewusst macht und als Gegenspieler des Stresshormons Cortisol fungiert. Danach ist der chemisch kastrierte Zustand der eines chirurgisch kastrierten: kein Testosteron mehr. Und dafür umso mehr Probleme mit Larry. Wo es vorher nur einige wenige Rüden alle paar Wochen betroffen hatte, wandelten sich unter der chemischen Testosteron-Abstinenz Larrys Aggressionen in eine allgemeine Leinenaggression allen anderen Hunden beider Geschlechter um. Das tägliche Gassigehen wurde zum Spießrutenlauf. Wenn man weiß, dass viele Formen der Leinenaggression, vor allem bei ängstlichen und unsicheren Hunden, wie Larry, durch die Stresshormone, sprich das Cortison gesteuert sind, ist das leicht zu erklären.

Bei unsicheren Hunden kann sich durch die Kastration und die damit verbundene Wegnahme des selbstbewusst machenden Testosterons auch eine Leinenaggression verschlimmern.

Glücklicherweise ist die Wirkung des Kastrationschips reversibel und so bleibt nur, Larry in der Zwischenzeit durch unterstützende Maßnahmen zu stabilisieren, einer Verfestigung des gezeigten Verhaltens entgegenzuwirken, abzuwarten und die Tage des Kastrationschips zu zählen. Von einer Kastration wird sein Frauchen in Zukunft natürlich absehen!

Die medizinischen Gründe ...

10

Die medizinischen Gründe ...

Wie wir bereits wiederholt dargelegt haben, betreffen unsere Aussagen zum Thema Kastration vorrangig die Verhaltensursachen und Verhaltenskonsequenzen. Trotzdem müssen einige medizinische Aspekte Berücksichtigung finden. Insbesondere gibt es in beiden Geschlechtern Krankheiten, bei denen eine Kastration unumgänglich ist. Hier ist auch selbstverständlich die Tierschutz gerechte Anwendung dieser Operation gegeben.

Erkrankungen der Hündin

Es gibt einige Erkrankungen der Hündin, bei denen eine Kastration unumgänglich ist. Dies betrifft beispielsweise die Gebärmutterentzündung/-vereiterung. In den genannten Untersuchungen von 1997 wurden jedoch nur 10 % der Hündinnen aus konkreten medizinischen Gründen kastriert, und davon betraf die Hälfte die Gebärmutterentzündung, weitere 2 % waren Neubildungen, also Tumore oder ähnliche Gewächse.

Neben diesen entzündlichen oder tumorösen Veränderung gibt es auch einige Formen von Diabetes, bei denen eine Kastration sinnvoll sein kann. Insbesondere kann bei manchen Hündinnen durch die starke Progesteron-Ausschüttung während der Scheinträchtigkeit die Diabetes-Anfälligkeit steigen. Sehr selten sind auch Fälle, in denen dauernde Ohrentzündungen durch Allergien gegen Sexualhormone bedingt werden. Da Ohrentzündungen jedoch eine Vielzahl an verschiedenen Ursachen haben können, muss hier eine genaue Ursachen-Abklärung vor der Operation erfolgen.

Hündinnen, die unter der Scheinschwangerschaft und vor allem der Scheinmutterschaft extrem leiden, und Hündinnen, bei denen es in diesem Zustand regelmäßig zu Entzündungen und gar Knotenbildungen am Gesäuge kommt, sind ebenfalls aus medizinischen Gründen durchaus Kastrationskandidatinnen.

Letztlich gibt es manche Hündinnen, die aus verschiedenen Gründen das ganze Jahr so attraktiv riechen, dass sie bereits von Weitem für jeden Rüden ein willkommenes »Stalkingopfer« darzustellen scheinen. Auch diesen Hündinnen kann meist durch eine Kastration geholfen werden.

Trudi – Kastration aus einer medizinischen Indikation

Trudi ist eine Bretonen-Mix-Hündin. Sie ist ganzjährig sehr gesellig und verträglich mit Hunden, hat ein sonniges Gemüt und ist ein stabiler A-Typ-Hund. Dass sie beim Markieren Beinchen hebt, stört daher auch nicht wirklich. Ihre Halterin ist Trainerin und hat vor allem sehr viel Erfahrung mit Jagdhunden, betreut auch solche bei Jagden selber. Bei ihrer letzten Läufigkeit jedoch bekam Trudi massive Probleme. Sie stand sehr stark unter Stress, wurde ängstlich, verließ die sichere Umgebung kaum mehr, wollte mit fremden Hunden nichts zu tun haben und entwickelte aus diesem Stress heraus eine akute Bauchspeicheldrüsenentzündung. Obwohl die Halterin sonst eher gegen Kastrationen eingestellt ist, wollte sie das ihrer Hündin nicht mehr zumuten und das Risiko wiederholter Pankreasentzündungen, die immer einen Notfall darstellen, ist ja auch nicht gerade von der Hand zu weisen. Von der massiven Stressproblematik abgesehen, wäre Trudi ja eine Hündin mit vielen roten Flaggen bei einer Kastrationsentscheidung: jagdlich höchst motiviert, Rüdin und A-Typ. Der erste Faktor wird aber sicher durch die sehr erfahrene und kompetente Halterin ausgeglichen. Trotz des Rüdinnen-Daseins ist Trudi ja mit Hunden sehr verträglich, allfällige Rüpeleien und Vorwärtsstrategien kann die Halterin in diesem Falle sicher bewältigen. Bisher war übrigens auch während der bis dahin durchgemachten Läufigkeiten nie ein Problem gewesen, dass zusätzlich ein unkastrierter Rüde im Haushalt lebt; das wurde von der Familie gut gemanagt und war für den Rüden in diesem Fall kein besonderer Stressfaktor. Dass Trudi mit der Läufigkeit solche Probleme bekam, lag also nicht an der Haltung beider Geschlechter, sondern einzig und alleine an der Hündin, ihrem individuellen Hormoncocktail und dem daraus resultierenden Verhalten. Jedoch war der Termin für die optimale Kastration im Anöstrus schon verstrichen, bis die Entscheidung pro Kastration fiel. Daher wurde für die nächste Läufigkeit noch ein Stressmanagement und Betreuungsprogramm entwickelt, um dann danach in Ruhe den optimalen Kastrationszeitpunkt wählen zu können.

Erkrankungen des Rüden

Erkrankungen wie beispielsweise Hodentumore oder Analtumore sind bei Rüden durchaus medizinische Gründe für eine Kastration. Etwa 15 % der Rüden werden wegen einer gutartigen Prostatahyperplasie operiert, also einer vor allem beim älteren Rüden häufig auftretenden Vergrößerung der Prostata, 6 % wegen Neubildungen und 3 % wegen Hodenentzündung. Jedoch ist hier zu erwähnen, dass zwar das Risiko einer Prostatavergrößerung durch die Kastration gesenkt wird, das Risiko eines Prostatatumors jedoch offensichtlich durch die Kastration steigt. Zur Behandlung der gutartigen Prostatahyperplasie des Rüden gibt es glücklicherweise auch einen anderen erfolgreichen Therapieansatz, ein Präparat mit antiandrogener Wirkung, also einer Wirkung entgegen der männlichen Sexualhormone, das kompetitiv die Bindung der männlichen Sexualhormone an ihre Rezeptoren in der Prostata hemmt – und zwar nur dort – und damit die Aufnahme von Testosteron in die Prostata verhindert. Eine Verhaltensbeeinflussung entsteht durch dieses Präparat durch die ausschließliche selektive Wirkung in der Prostata nicht.

Zu Hodenentzündungen ist zu vermelden, dass die Entzündung der Hoden zumindest beim Menschen und der Labormaus durch Testosterongabe, also durch eine Erhöhung des Testosteronspiegels kuriert werden kann. Hodenentzündungen sind also offensichtlich mehr mit einem Absinken der Hormonproduktion verknüpft und deswegen keine Ursache für eine vorbeugende Kastration.

Häufig werden nicht ausheilende, immer wiederkehrende Vorhautentzündungen als Ursache für eine Kastration beim Rüden angegeben. Jedoch ist auch hier streng abzuwägen, ob es sich wirklich um eine den Hund in einen Leidenszustand versetzende schwere Erkrankung oder nur um eine leichte Unannehmlichkeit handelt. Im letzteren Falle, ob der Hund nicht durch die Kastration und die daraus folgenden gesundheitlichen und

verhaltensbiologischen Veränderungen mehr leidet als durch die leichte Entzündung, die den Rüden selber in der Regel am allerwenigsten stört.

Ein Sonderfall ist bei Rüden der sogenannte Kryptorchismus. Der mangelnde oder unvollständige Abstieg des Hodens aus dem Bauchraum in den Hodensack kann entweder einseitig oder beidseitig passieren. Im Bauchraum verbleibende Hoden haben eine höhere Tendenz zur tumorösen Entartung und produzieren häufig übermäßig viele, oft auch weibliche Hormone. Eine chirurgische Entfernung dieser im Bauchraum verbleibenden Hoden wird daher meistens angeraten. Jedoch ist zumindest bei einseitigem Kryptorchismus ganz entschieden von einer gleichzeitigen Entfernung des zweiten, regulär abgestiegenen Hodens abzuraten. Nur der im Bauchraum verbleibende Hoden hat eine Gefahr der Entartung. Der im Hodensack befindliche Hoden kann demgegenüber die Versorgung des Körpers mit den notwendigen Hormonen weiterhin aufrechterhalten. Da Kryptorchismus eine genetische Komponente enthält, ist dringend anzuraten, den im Körper verbleibenden abgestiegenen Hoden durch Sterilisation fortpflanzungsunfähig zu machen. So ist sichergestellt, dass die Erbkrankheit »mangelnder Hodenabstieg« nicht in der Population weiter verbreitet wird.

Wann bei einem einseitigen Hodenabstieg die Kastration vorgenommen werden sollte, ist wiederum vom Persönlichkeitstyp, der Rasse und dem Entwicklungszustand des Hundes abhängig. Auch hier gilt generell, dass der Hoden so lange wie möglich im Körper bleiben sollte, insbesondere ist auch hier bei beidseitigem Kryptorchismus die Operation vor der Pubertät mit sehr vielen Problemen behaftet. Bei einseitigem Kryptorchismus dagegen ist, wenn der gesunde Hoden nur sterilisiert wird, auch eine frühere Operation unproblematisch.

Kryptorchismus = mangelhafter oder fehlender Hodenabstieg

Die Erscheinung eines unvollständigen oder gar fehlenden Hodenabstiegs ist bei Hunderüden keineswegs selten. Sehr häufig werden solche Fälle dann im Zusammenhang mit einer Kastrationsanfrage in der verhaltensmedizinischen Beratungspraxis vorgestellt, insbesondere im Hinblick auf mögliche entstehende Verhaltenskonsequenzen. Daher möchten wir im Folgenden, dargestellt anhand eines Beispiels mit einseitigem Hodenabstieg, die möglichen Konsequenzen eines solchen Geschehnisses kurz umreißen.

Die Definition des Kryptorchismus wird erfüllt, wenn die Hoden irgendwo auf dem Weg des natürlichen Herabwanderns außerhalb des Hodensackes zu liegen kommen und dort auch für den Rest des Lebens verbleiben würden. Es gibt verschiedene Formen dieser Entwicklungsstörung. Jede davon kann entweder einseitig oder auch beidseitig auftreten. Die sozusagen vollständigste Form des Kryptorchismus liegt vor, wenn einer oder beide Hoden in der Bauchhöhle liegen bleiben, das heißt der Hodenabstieg überhaupt nicht eingeleitet wird. Eine unvollständige Form des Hodenabstiegs haben wir in Form des sogenannten Leistenhodens, der zwar den inneren, aber nicht den äußeren Leistenring passiert. Letztlich gibt es noch die Erscheinung des Gleithodens, der zwar im Eingangsbereich des Hodensacks liegt und der in den Hodensack herabgezogen werden kann, jedoch ohne menschliches Zutun bei einer Untersuchung dort nicht zu tasten ist und auch nach dem Ende der Untersuchung sofort wieder nach oben verschwindet. Im Folgenden werden wir insbesondere den speziellen Fall eines einseitigen Kryptorchismus benutzen, um auch die möglichen medizinischen und verhaltensmäßigen Konsequenzen dieses Geschehens darzustellen.

Ursachen für einen gestörten Hodenabstieg
Gründe und Ursachen für den Kryptorchismus liegen in der Embryonalentwicklung. Die Hoden entwickeln sich normalerweise im Bauchraum in der Nierengegend und der Hodenabstieg beginnt beim Hund bereits vor der Geburt. Normalerweise sollten schon in der letzten Trächtigkeitswoche die Hoden im Leistenkanal angekommen sein. Spätestens in der 6. bis 10. Lebenswoche sollten die Hoden eigentlich in ihrer endgültigen Lage im Hodensack zu sehen sein. Gewisse Unterschiede gibt es jedoch bzgl. Rassen und individueller Veranlagung, d. h. abhängig von der Entwicklungsgeschwindigkeit. Warum es manchmal nicht zu einem Hodenabstieg kommt, ist nicht restlos geklärt. Man geht aber davon aus, dass eine erbliche Komponente an diesem Geschehen beteiligt ist. Da es sich jedoch wahrscheinlich um einen sogenannten polygenen Erbgang handelt – das bedeutet, dass mehrere Gene gleichzeitig den Hodenabstieg steuern – und zusätzlich noch eine verdeckte Vererbung vorliegt, werden viele solche Fälle wohl auch weiterhin in der Zucht nicht erkannt. Neben den genetischen Ursachen sind auch Vorschädigungen durch vorangegangene Nabelinfektionen oder einen verzögerten Nabelverschluss als mögliche Ursachen für mangelnden Hodenabstieg genannt worden. Häufig findet man Kryptorchiden unter den Kleinhunderassen, da bei diesen das Größenverhältnis der Hoden zum Leistenkanal oft ungünstig ist. Wenn es zum einseitigen unvollständigen Hodenabstieg kommt, ist aufgrund des längeren zurückzulegenden Weges der rechte Hoden wesentlich häufiger betroffen als der linke.

Wird der unvollständige oder ausbleibende Hodenabstieg rechtzeitig entdeckt, so kann bei Welpen bzw. Junghunden durch eine Hormonbehandlung in vielen Fällen eine Operation noch verhindert werden. Jedoch sind solche Behandlungen meist nach dem Ende des 4. Lebensmonats nicht mehr erfolgversprechend.

Risiken durch nicht abgestiegene Hoden
Die medizinischen Probleme des fehlenden Hodenabstiegs lassen sich überwiegend dadurch erklären, dass die Bildung der Samenzellen in den Hoden der meisten Säugetiere auf eine Temperatur wesentlich unter der Körperkerntemperatur angewiesen ist. Durch die Lage der Hoden im Hodensack ist eine Kühlung und damit eine verringerte Umgebungstemperatur gegeben. Zu hohe Temperaturen, wie sie im Bauchhöhlenbereich oder Leistenspalt herrschen, führen daher zu einem fast 14 mal höheren Risiko von Fehlbildungen und gestörten Zellteilungen, die zu Tumoren führen. Diese Tumore sind zwar meist gutartig, können aber auch bösartig entarten, was wiederum nicht nur für sich gesehen ein erhebliches gesundheitliches Risiko darstellt, sondern auch die Hormonproduktion verändert. Der Hoden ist nicht nur ein Organ der Spermaproduktion, er produziert auch einen Großteil des sogenannten männlichen Hormons, des Testosterons. Die entarteten Zellen dagegen produzieren in der Mehrzahl der Fälle Östrogene, also Verwandte der sogenannten weiblichen Hormone. Während bei Rüden mit beidseitig verhin-

dertem Hodenabstieg meist gar keine Spermienbildung stattfindet, bilden Hunde mit einseitig fehlendem Hodenabstieg deutlich weniger Samenzellen als gesunde, was eben dadurch erklärbar ist, dass der in der Bauchhöhle verbleibende Hoden weibliche Hormone abgibt, was wiederum die Hormonproduktion und die Samenbildung des abgestiegenen, intakten Hodens ebenso verringert, wie es den Bluttestosteronspiegel und die sexuelle Motivation des betroffenen Rüden dämpft. Zugleich ist durch die erhöhte Konzentration weiblicher Hormone im Blut der betroffenen Rüden sowohl eine Veränderung von Haut und Bindegewebe, als auch eine Veränderung des Verhaltens zu erwarten.

Ein weiteres medizinisches Risiko stellt die häufig bei Bauchhöhlen-Hoden auftretende Hodentorsion dar, also die Verdrehung des Hodens, die durch erhebliche Einflüsse auf die Durchblutung einen sofort zu operierenden Notfall darstellt.

Empfehlungen im Falle eines einseitigen Hodenhochstands

Bei Fällen mit einseitigem Hodenabstieg ist entgegen der weitläufigen Praxis die Entfernung des gesunden Hodens nicht notwendig. Durch die Entfernung des fehlerhaft gelagerten Hodens verändert sich in der Regel die Hormonproduktion des betreffenden Rüden sehr stark hin zu einer deutlich »männlicheren« Hormonlage, so dass sowohl Aussehen, Gestalt, wie auch Verhalten sich als Folge der Operation deutlich normalisieren. Auch aus diesem Grunde sollte diese Operation bereits vor der Pubertät erfolgen. Zudem wird dringend empfohlen, auf der gesunden Seite eine Sterilisation, also eine Durchtrennung des Samenleiters, vorzunehmen. Dadurch wird die Hormonproduktion dieses Hodens nicht beeinflusst, jedoch besteht keine Möglichkeit eines erfolgreichen Deckaktes mehr, da keine Samenzellen während des Deckaktes übertragen werden. Durch diese Maßnahme ist sichergestellt, dass die oben genannte genetische Weitergabe der Veranlagung zum fehlenden Hodenabstieg unterbunden wird.

Verhaltensbiologische Betrachtung

Neben den genannten medizinischen Zusammenhängen ist es jedoch auch notwendig, einen kurzen Blick auf die verhaltensbiologische Seite des Geschehens zu werfen. Die Ausschüttung von Sexualhormonen während und zu Beginn der Pubertät eines Hundes hat nicht nur mit der Geschlechtsreife im engeren Sinne, also mit der beginnenden Produktion von Geschlechtshormonen und dem erwachenden Sexualverhalten zu tun. Vielmehr ist mittlerweile bekannt, dass die Geschlechtshormone eine Vielzahl weiterer Entwicklungsprozesse im Gehirn und im Verhalten eines Tieres auslösen. Zudem wird die Pubertät nicht nur durch geänderte Geschlechtshormonkonzentrationen, sondern auch durch Reaktionen anderer Hormondrüsen, etwa der Schilddrüse und auch der Stresshormondrüsen im Bereich der Nebenniere charakterisiert. Ein gestörtes Hormongeschehen im Zeitraum der Pubertät, wie es beispielsweise durch Produktion von weiblichen Hormonen bei einem an sich männlichen Tier auftreten kann, ist daher auch außerhalb der Entwicklung des Geschlechtsapparats und des Sexualverhaltens sehr bedenklich. In Abhängigkeit vom Persönlichkeitstyp eines Rüden und von der Entwicklungsgeschwindigkeit der betreffenden Rasse lässt sich generell feststellen, dass durch die Produktion weiblicher Geschlechtshormone die Verhaltensentwicklung des Rüden verlangsamt und möglicherweise auch insgesamt anderweitig beeinflusst wird. Dies hat sicherlich auch Rückwirkungen auf das sonstige Verhalten, insbesondere auf die Anfälligkeit für Stress, Angst, Unsicherheit und Ähnliches. Es ist bekannt, dass gerade die Östrogene durch Wechselwirkung mit den Bindungsstellen bestimmter Botenstoffe im Gehirn durchaus zu einer gesteigerten Unsicherheit und Instabilität des Verhaltens, sei es im sozialen, sei es im Umweltbereich, führen können. Umso stärker wird diese Wirkung zu erwarten sein, wenn das Tier selbst aufgrund seiner eigenen Geschlechtsbestimmung eigentlich nicht mit einem solchen Anstieg weiblicher Hormone »rechnet«. Nochmals getrennt zu berücksichtigen ist der Persönlichkeitstyp. Draufgängerisch forsche, sogenannte A-Typen, die sehr stark in vielen Situationen versuchen, Kontrolle auszuüben und sich eher aktiv mit Umweltreizen auseinandersetzen, haben eine starke Wechselwirkung mit dem sogenannten Kampfhormon Noradrenalin, und dieses wiederum beeinflusst die Produktion der Geschlechtshormone. Insbesondere A-Typen mit bauchständigen Hoden kommen daher wahrscheinlich noch stärker in ein hormonelles Ungleichgewicht. Möglicherweise verstärken sich bei ihnen auch die genannten medizinischen Risiken.

Zudem können gerade verunsicherte A-Typen zu einer radikalen Persönlichkeitsänderung veranlasst werden, die dann auch nach dem Beseitigen

der hormonellen bzw. medizinischen Ursache nicht ohne weiteres korrigierbar ist.

Auch aus verhaltenstherapeutischer und verhaltensbiologischer Sicht ist daher dringend zu empfehlen, den bauchständigen Hoden möglichst frühzeitig operativ entfernen zu lassen und dabei die aus genetisch/züchterischer Sicht wünschenswerte Durchtrennung des Samenstrangs auf der gesunden Seite gleich mit vorzunehmen.

Die Nachsorge

11

Die Nachsorge

Vielfach übernimmt man ja einen bereits kastrierten Hund, oder man bekommt einen Hund und lässt ihn kastrieren, ohne über die Folgen nachzudenken. Außerdem gibt es natürlich auch Hunde, die aus medizinischen Gründen kastriert werden müssen oder mussten. In all diesen Fällen muss man sich dann über die Folgen dieses Eingriffs im Klaren sein. Kastrierte Hunde ändern sich in vielfacher Weise, sowohl ihr Verhalten, ihre Persönlichkeit als auch ihre körperlichen und gesundheitlichen Merkmale sind anders zu bewerten. Meist werden dem Halter bei Aufklärungsgesprächen über die Kastration nur die Vorteile vermittelt. Neuere medizinische Statistiken zeigen jedoch eine ganze Reihe, auch körperlicher Nebenwirkungen der Kastration, die im Folgenden zunächst angesprochen werden sollten. Danach werden wir uns nochmals kurz mit den möglichen Verhaltensauswirkungen beschäftigen.

Stoffwechsel

Die wichtigste Information für Besitzer von kastrierten Hunden ist, dass sich bei kastrierten Hunden beiderlei Geschlechts der Grundstoffwechsel erheblich verringert. Die Verbrennungsleistung in der Zellatmung geht zurück. Zeitgleich wird die appetitdämpfende Wirkung der Sexualhormone ausgeschaltet und dadurch entsteht eine Kombination von zwei Risikofaktoren: Die Hunde haben mehr Appetit, benötigen aber weniger Energie. Aus diesen Gründen ist bei kastrierten Hunden beiderlei Geschlechts, insbesondere bei kastrierten Hündinnen, verstärkt auf das Einhalten des rasse- und typusabhängigen Normalgewichts zu achten. Übergewicht hat nämlich eine ganze Reihe von Folgeerkrankungen, die ihrerseits wiederum dann als statistische Folgen der Kastration zu Buche schlagen. Bei den im Folgenden aufgeführten Krankheiten handelt es sich jedoch nicht um direkte Folgen der Kastration, sondern um Folgen des Übergewichts. Die wichtigste Folgeerkrankung des Übergewichts ist, genau wie bei uns Menschen, dass sogenannte Metabolische Syndrom. Dieses Metabolische Syndrom ist eine aus Übergewicht entstehende Kombination aus erhöhter Anfälligkeit für die Diabetes Typ II (dies ist diejenige Form der Diabetes, bei der das Bauchspeicheldrüsenhormon Insulin zwar noch produziert wird, aber nicht mehr an seinen Zielorganen wirkt), Herzkreislauferkrankungen und Gefäßverschlusserkrankungen im Sinne einer Arteriosklerose. Auch Verdauungsprobleme, Darmträgheit, Verstopfung und andere Risiken einer ungeregelten Darmtätigkeit sind häufig die Folge von Übergewicht. Hier wirkt dann auch die Kombination aus Übergewicht und Bewegungsmangel wieder zusammen.

Durch die Erhöhung des Körpergewichts steigt auch bei Hunden das Risiko von Harnstein- oder Harngriesbildung. Insbesondere die Calciumoxalatsteine sind bei übergewichtigen Hunden, und damit indirekt bei kastrierten Hunden, häufiger zu beobachten.

Herzkreislaufprobleme unterschiedlicher Art, ein höheres Narkoserisiko, eine verringerte Wärmetoleranz und eine dadurch entstehende geringere Lebenserwartung sind weitere Risiken, die übergewichtige Hunde mit sich herumtragen.

Die Nahrung sollte bei den meisten Kastraten nicht zu energie- und fettreich sein, denn der Energiebedarf sinkt nach der Kastration um ca. 30 %.

Auch gestörte Wundheilung, erhöhte Infektionsanfälligkeit, erhöhte Anfälligkeit für Hautkrankheiten und die noch im Folgenden zu besprechenden Gelenkserkrankungen sind hier als weitere Risiken eines übergewichtigen Hundes zu benennen.

Aus all diesen Aussagen ergibt sich, dass die Fütterung eines kastrierten Hundes, mehr noch die einer kastrierten Hündin sehr intensiv überdacht und an die neue hormonelle und Stoffwechsellage angepasst werden muss. Die meisten Studien gehen davon aus, dass kastrierte Hunde und insbesondere kastrierte Hündinnen bis zu 30 % weniger Energie benötigen als ihre intakten Artgenossen. Eine Umstellung auf ein spezielles Futter für Kastraten oder eine andere energiereduzierte Fütterung sollte also in Erwägung gezogen werden. Nicht zielführend ist es, einfach nur die Futtermenge um ein Drittel zu kürzen, da man dadurch auch automatisch Vitamine, Mineralien und Spurenelemente reduziert, was auf Dauer zu einer Mangelversorgung führt.

Inkontinenz

Die Inkontinenz ist insbesondere eine Folgeerkrankung der Kastration von Hündinnen. Die Schließmuskeln der Harnröhre sind nicht mehr ausreichend in der Lage, den Harnfluss zu kontrollieren. Welche hormonellen Zusammenhänge hier genau nach dem Wegfall des Östrogens auftreten, ist noch nicht vollständig erforscht. Hündinnen von Rassen mit einem Körpergewicht von mehr als 20 kg sind ganz besonders häufig von dieser Folgeerkrankung betroffen, bei manchen Rassen (z. B. Boxer, Dobermann, Riesenschnauzer, Rottweiler) werden bis zu zwei Drittel der kastrierten Hündinnen inkontinent. In Folge dessen müssen Hormone verabreicht werden. Zumindest einige hier standardmäßig eingesetzte Präparate wirken wiederum auf das adrenerge System zurück und können, insbesondere bei eher aktiven A-Typ-Hündinnen, unangenehme und aggressionssteigernde Verhaltensänderungen hervorrufen.

Wenn man alle Hunderassen gemeinsam betrachtet, liegt das Risiko der Harninkontinenz etwa bei 30 %. Bei kleinen Hunderassen mit einem Gewicht von weniger als 20 kg liegt es nur bei 10 %. Jedoch sind bei manchen Rassen, unabhängig von der Größe, die Risikofaktoren wesentlich höher. Ob man nur die Eierstöcke oder zusätzlich die Gebärmutter entfernt, spielt für die Entstehung von Harninkontinenz aber keine Rolle.

Eine neue Untersuchung ergab, dass das Alter der Hündin zum Zeitpunkt der Kastration einen Einfluss auf das Harnträufeln hat. Wird die Hündin früh kastriert, d.h. bereits vor der ersten Läufigkeit, so ist das Risiko für die Harninkontinenz kleiner. Bei diesen früh kastrierten Hündinnen beträgt das Inkontinenzrisiko bei den kleinen Hündinnen (unter 20 kg) nur noch 6 % und bei den großen Tieren (über 20 kg) noch 13 %. Bei den kleinen Hündinnen wird also im Schnitt noch jede sechzehnte nach der Kastration inkontinent, bei den großen Hündinnen jede achte. Diese früh kastrierten Tiere werden also weniger häufig inkontinent, aber falls sie es doch werden, verlieren sie den Urin meistens mehrmals täglich. Im Gegensatz zu den Spätkastrierten sowohl im Schlaf- als auch im Wachzustand. Bei den spät kastrierten Hündinnen tritt das Problem häufig mal stärker, mal schwächer auf. Aber zu welchem Preis? Dass das kein Grund und auch keine gesetzlich erlaubte Indikation für eine Frühkastration darstellt, sollte jedem nach dem Lesen dieses Buches klar sein.

Bewegungsapparat

Das Risiko von Schäden am Bewegungsapparat bei kastrierten Hunden beiderlei Geschlechts ist nicht zu verkennen. Einerseits handelt es sich um Folgeerkrankungen der oben bereits geschilderten Übergewichtsproblematik, jedoch ist auch unabhängig von der Ausbildung eines Übergewichts die Gefahr von Gelenkfehlbildungen und Gelenkschäden nicht zu unterschätzen. So steigt das Risiko einer Hüftgelenksdysplasie bei kastrierten Hunden erheblich an, beispielsweise gibt eine Studie bei Boxern eine Erhöhung des Auftretens von HD um das Eineinhalbfache nach der Kastration an. Besonders stark ist dieses Risiko bei früh kastrierten Hunden im Alter von weniger als sechs Monaten. Auch ein erhöhtes Risiko für Kreuzbandrisse wurde statistisch nachgewiesen, intakte Hunde sind etwa nur halb so häufig davon betroffen. In Kombination mit den insbesondere bei Rüden verstärkt auftretenden Erscheinungen von Muskelabbau und Bindegewebsschwäche nach Testosteronwegfall, liegen hier also eine ganze Reihe von orthopädischen Risikofaktoren vor. Gerade Hunde mit schlecht ausgebildeten Gelenken und bereits in der Anlage vorhandener Tendenz zur Ausbildung von Hüftgelenksdysplasie oder anderen Gelenkfehlbildungen benötigen eigentlich eine besonders gut ausgeprägte und funktionsfähige Haltemuskulatur, um wenigstens einen Teil der Belastung

Agility fördert Bewegung, Koordination und das Gehirn.

vom Gelenk selbst wegzunehmen. Zugleich ist Physiotherapie, Bewegung und andere maßvolle sportliche Tätigkeit für den kastrierten Hund fast noch wichtiger als für seinen intakten Artgenossen. Und Bewegung beugt ja wiederum auch gleich dem Übergewicht vor.

Tumore

Während vielfach von den positiven Auswirkungen einer Kastration auf das Entstehen von Tumoren berichtet wird, insbesondere Gesäugetumoren der Hündin, werden die Nachteile im Bezug auf Tumorbildung meistens verschwiegen. In mehreren Studien wurde eine erhöhte Anfälligkeit kastrierter Rüden an Prostatatumoren vermeldet. Die Wahrscheinlichkeit einer Erkrankung ist hier bis zu dreimal höher als bei unkastrierten. Bei Rüden nimmt das Risiko von sogenannten Perianaltumoren, damit sind Tumore rund um den After und den Schließmuskel gemeint, nach der Kastration ab. Bei Hündinnen nimmt dieses Risiko demgegenüber zu. Auch die Risiken zur Entstehung von Milztumoren, bestimmten Knochentumoren (Osteosarkome) und Herztumoren sind nach der Kastration erhöht. Bei Hündinnen wird von einer vierfach höheren Wahrscheinlichkeit zum Auftreten von Herztumoren ausgegangen, bei Rüden von einer 1,6-fachen. Bei den Knochentumoren ist wiederum das Risiko umso höher, je jünger der Hund bei der Kastration war.

Fell

Bei Hündinnen tritt häufig nach der Kastration eine Verstärkung der Unterwolle auf, bei Rüden ist durch den Wegfall der Steuerungsfunktion des

Testosterons auf die Talgdrüsen eine stumpfere und flauschigere Fellbeschaffenheit zu beobachten. Bei manchen Rassen ist zudem die Gefahr von symmetrischen kahlen Stellen im Flanken- und hinteren Rumpfbereich erhöht. Cocker Spaniel, Irische Setter und Langhaardackel neigen ganz besonders zur Entwicklung des sogenannten Welpenfells nach der Kastration.

Gehirn und Verhalten

Durch den **Wegfall der Schutzfunktion des Östrogens** im Gehirn ist bei Hunden beiderlei Geschlechts eine erhöhte Anfälligkeit für Altersdemenz-Erscheinungen und andere Verhaltensveränderungen im Alter zu beobachten. Die typischen »Senioren-Probleme«, beispielsweise Orientierungslosigkeit, soziale Vergesslichkeit, gesteigerte Nervosität, Schlafstörungen, erhöhte Aggressivität und andere sind auf veränderte Leitungsgeschwindigkeit und geschädigte Nervenbahnen im Gehirn zurückzuführen. Insbesondere die sogenannten Myelinscheiden, also die isolierenden Umhüllungen um die Nervenäste, werden im Alter nicht mehr ausreichend erneuert und ergänzt. Die Sexualhormone beugen dieser Erscheinung offensichtlich vor. Die Häufigkeiten von Altersdemenz ist bei Rüden, auch bei Rüden kleiner Rassen, genauso dokumentiert und statistisch abgesichert wie bei Hündinnen.

Wie aus den Kapiteln der hormonellen Steuerung des Verhaltens bereits hervorgeht, ist bei kastrierten Hunden häufig eine Zunahme der Cortisol bedingten Verhaltensänderungen zu beobachten. Anfälligkeit für Angst, Stress, daraus resultierende Aggression und ähnliche Nebeneffekte wurden bereits ausführlich beschrieben. Im Einklang damit steht, dass in verschiedenen Studien bei Hündinnen ein 60 %iger Anstieg der Ressourcenaggression nach Kastration angegeben wird. Andere Studien ergeben einen erheblichen Anstieg der sogenannten Dominanzaggression, wobei dieser Begriff zwar verhaltensbiologisch nicht sinnvoll ist, jedoch auf eine Reihe von aggressiven Tendenzen gegenüber Artgenossen wie gegenüber dem Menschen angewendet wurde. Auch wenn die genannten Arbeiten also verhaltensbiologisch fragwürdige Methoden anwenden, lassen die daraus resultierenden Statistiken sehr wohl ein Risiko der Verhaltensveränderung durch die Kastration erkennen.

Schwimmen ist eine optimale und gelenkschonende Auslastung für Hunde.

Durch den Wegfall der Selbstsicherheit spendenden Sexualhormone und die daraus resultierende zunehmende Unsicherheit entstehen aber nicht nur Verhaltensprobleme; auch die oben geschilderte Zunahme der Infektanfälligkeit, die verzögerte Wundheilung und andere Auswirkungen auf das Immunsystem sind indirekte Folgen der Kastration, die ihre Ursache wiederum in dem erhöhten Cortisolspiegel haben.

Das Betreuungsprogramm

Wenn Sie einen kastrierten Hund haben, sollten Sie in jedem Falle eine Reihe von Ratschlägen bei der zukünftigen Haltung berücksichtigen. Bewegung hält fit! Mehr noch als bei intakten Hunden ist die regelmäßige, aber maßvolle und auf Alter, Rasse und Konstitution des Hunds abgestimmte körperliche Betätigung ein wichtiger Teil der Betreuung. Gegebenenfalls sind auch Physiotherapie, Schwimmen oder andere krankengymnastische Anwendungen sinnvoll.

Neben der körperlichen Beweglichkeit, sollte auch die geistige gefördert werden. Da die Hirnfunktion von kastrierten Hunden, wie wir gesehen haben, eher eingeschränkt ist, ist es besonders wichtig, hier nun mit Hilfe von sinnvoller geistiger Auslastung, beispielsweise durch »In-

Intelligenzspiele fördern die geistige Beweglichkeit und wirken durch Erhöhung des Dopamin-Spiegels Stress und Demenz entgegen.

telligenzspiele«, Zielobjektsuche oder anderes, das Gehirn und die Orientierungsfähigkeit des Hundes zu fördern. Gleichzeitig erhöhen diese Beschäftigungen das Selbstwertgefühl des Hundes, die selbstverschafften Erfolgserlebnisse erhöhen den Dopamin-Spiegel, und ein erhöhter Dopamin-Spiegel ist wiederum eine gute Vorbeugemaßnahme sowohl gegen Demenzerscheinungen als auch gegen die übermäßige Cortisol-Produktion und den daraus resultierenden Stress.

Während bestimmte Typen von Hündinnen (siehe oben: Rüdin) zukünftig im Umgang wohl lebenslang wie pubertierende echte Rüden zu führen sind, ist bei den meisten Hunden ein auf Stressmanagement, soziale Unterstützung und Steigerung des Selbstsicherheitsgefühls ausgelegtes Trainings- und Erziehungsprogramm sinnvoll. Hier können gute Hundeschulen helfen.

Die Ernährung des kastrierten Hundes sollte ebenfalls seinen veränderten Bedingungen angepasst werden. Hier ist beispielsweise ein reduzierter Energie- und Fettgehalt, ein besonders auf Hochwertigkeit und Leichtverdaulichkeit der Proteine ausgerichteter Fleischanteil, ein erhöhter Anteil an Pflanzenfasern zur besseren Sättigung ohne übermäßige Energieversorgung, ein ausge-

Komplexe Aufgaben sind besonders bei Kastraten für die geistige Fitness wichtig.

wogener Vitamin- und Mineralgehalt, sowie die Zugabe von Gelenkschutzfaktoren, etwa Glukosamine oder Chondroitinsulfat von großer Bedeutung. Die letztgenannten Nahrungsbestandteile verbessern die Bildung der Gelenkschmiere und ggf. auch der Gelenkknorpelschicht und verringern daher das Risiko von Gelenkabnutzung und daraus entstehenden Gelenkentzündungen. Um dem Risiko von Harnsteinbildung vorzubeugen, sollte auf gleichmäßiges regelmäßiges Trinken geachtet werden. Geben Sie Ihrem Hund ausreichend die Möglichkeit, sich zu entleeren.

Die Beachtung der hier genannten Faktoren wird es Ihnen erleichtern, auch einem kastrierten Hund weiterhin ein optimales Maß an Lebensqualität zu vermitteln. Trotzdem handelt es sich hier immer um einen Plan B. Nur bei sinnvoller Abwägungsentscheidung und Kastration im Einzelfall kann der Hund optimal verhaltensbiologisch wie gesundheitlich gehalten werden. Aus der Tatsache, dass mit Ernährung, Bewegung und Verhaltensbetreuung auch einem kastrierten Hund das Leben lebenswert gemacht werden kann, soll und darf natürlich keine Begründung für eine leichtfertige Kastration oder gar für eine Pauschalkastration abgeleitet werden, nach dem Motto wenn es denn schon passiert ist, können wir ja trotzdem noch sehr viel hinterher tun. Wie gesagt, das kann immer nur Plan B sein!

Wenn Sie alle Hinweise zur Nachsorge beachten, wird Ihre Fellnase auch nach der Kastration ganz große Sprünge machen!

Die Entscheidungstabelle für den schnellen Überblick

Verbesserung möglich	Keine Änderung bzw. Änderung nicht vorhersagbar ⇒ Einzelanalyse	Verschlimmerung

Verhalten	Zu erwartendes Verhalten nach der Kastration
Rüde und Hündin	
Jagdverhalten	Keine Besserung, in manchen Fällen sogar Verschlimmerung
Streunen	
• gezeigt nur während der Läufigkeit	Besserung möglich
• generelles	Keine Änderung
Aggression	Je nach Geschlecht, Gehirn und Hormonzusammenhängen unterschiedlich, Einzelanalyse nötig
Territorialverteidigung	
• defensiv	Cortisol gesteuert, daher ggf. Verschlimmerung
• offensiv	Wie Dominanzverhalten, wenig Änderung

Verhalten	Zu erwartendes Verhalten nach der Kastration
Rüde	
Futteraggression	Cortisol gesteuert, daher Steigerung des Verhaltens
Angstaggression	Cortisol gesteuert, daher Verschärfung der Problematik
Eifersucht (Partnerschutz etc.)	Vasopressin abhängig: Wahrscheinlich keine Änderung
Jungtierverteidigung etc.	Prolaktin & Testosteron abhängig: keine Verbesserung oder sogar Verschlimmerung
Statusaggression	Kann sich je nach Rassezugehörigkeit verbessern, wenn das Verhalten nicht schon als erfolgreiche Strategie im Gehirn abgespeichert ist. Erziehungskorrekturen sind unerlässlich
Angst, Panik	übermäßige Cortisol-Produktion: Verschärfung der Problematik
Aufreiten etc.	
• bei echtem Sexualverhalten	Mögliche Besserung, wenn das Verhalten als vollständiges Bewegungsmuster noch nicht gespeichert ist
• als Bewegungsstereotypie	Je nach Stresstyp keine Änderung oder Verstärkung
• Als Dominanzverhalten oder im Spiel	Keine oder wenig Änderung
Markieren	Nur über Urin sexuell »intakter« Hündin eine Verbesserung zu erwarten sonst gleichbleibend

Verhalten	Zu erwartendes Verhalten nach der Kastration
Hündin	
Jungtier-Verteidigung:	Prolaktin abhängig;
• im Zyklus	Tritt es im Zyklus auf: Verbesserung möglich
• durch äußere Einflüsse (schwangere Halterin, Kindchenschema etc.)	Wenn durch äußere Anlässe ausgelöst, kaum Änderung
Eifersucht (nicht sexuell)	Keine Änderung
Ständige Wettbewerbsaggression mit Hündinnen /Rüpelhaftigkeit ganzjährig	Keine Änderung oder Ansteigen, je nachdem, ob Hündin Testosteron gesteuert oder nicht
Zickigkeit ausschließlich in der Läufigkeit	Verbesserung
Futteraggression	Verschlimmerung des Verhaltens
Angst, Panik, Stressanfälligkeit, Angstaggression	Cortisol gesteuert, je nach Zyklusstand und Persönlichkeit Verbesserung möglich, gleichbleibend oder Verschlimmerung

Literaturverzeichnis

Literaturverzeichnis

1) Arnold, S.: Urinary incontinence in castrated bitches. Part 1: Significance, clinical aspects and etiopathogenesis Schweizer Archiv Tierheilkunde. 139: 271–276.1997

2) Asa, C.: Hormonal and experiental factors in the expression of social and parental behaviour in canids. Pp 129–149 in: N.G. Solomon & J.A. French (eds): Cooperative Breeding in Mammals. Cambridge, UP, 1997

3) Badino, P. et al: Modifications of serotonergic and adrenergic receptor concentrations in the brain of aggressive Canis familiaris. Comp. Biochem. Physiol. A, 139, 343–350. 2004

4) Benten, A.: Identifizierung flüchtiger Substanzen aus dem Analdrüsensekret und Urin der Canidae. BSc Arbeit, Univ.Oldenburg 2010

5) Bielsky, I.F. & L.J. Young: Oxytocin, vasopressin and social recognition in mammals. Peptides 25, 1565–1574. 2004

6) Bloch, G.: Die Pizza-Hunde. Kosmos, Stuttgart 2007

7) Bloch, G. & E. Radinger: Wölfisch für Hundehalter. Kosmos, Stuttgart 2010

8) Busch-Kschiewan, K. Kastration bei Hunden. Köln, Royal Canin, 2007

9) Deputte, B.L.: Comportements d'agression chez les vertebres superieurs, notamment chez le chien domestique (Canisfamiliaris). Bull.Acad.Vet. France 160, 349–358.2007

10) Donaldson, Z.R. & Young, L.J.: Oxytocin, Vasopressin and the Neurogenetics of Sociality. Science 322, 900–904. 2008

11) Fengler, M.: Konfliktmanagementbei sozialen Caniden – Abbruchsignale und Versöhnung.Dipl. Arbeit Zool. Institut Bonn 2009

12) Fijak, M. et at: Testosterone Replacement effectively inhibits the development of experimental autoimmune orchitis in rats: evidence for a direct role of testosterone in r egulatory T-Cell expansion.J Immunol doi :10.4049/J Immunol 1001958

13) Gansloßer, U.: Säugetierverhalten. Filander, Fürth 1998

14) Gansloßer, U.: Verhaltensbiologie für Hundehalter. Kosmos, Stuttgart 2007

15) Gansloßer, U.: Verhaltensbiologie der Hauskatze. Filander, Fürth 2010

16) Gansloßer, U. & C. Sillero-Zubiri (Hrsg.): Wilde Hunde. Filander, Fürth 2007

17) Gansloßer, U. & S. Strodtbeck: Die Kastration des Rüden aus verhaltensbiologischer Sicht.Veterinärspiegel 4/2010, 161–164.2010

18) Goodson, J.L. & Kabelik, D.:Dynamic Limbic Networks and Social Diversity in Vertebrates: From Neural Context to Neuromodulatory Patterning. Frontiers in Neuroendocrinology 30, 429–441. 2009

19) Haase, E. Comparison of reproductive parameters in male wolves and domestic dogs Z. Säugetierk. 65, 257–270.2000

20) Hahn, N.D.: Zur Pyometra beim Hund. Vet.Med.Diss. München 2009

21) Jacobs C., W. Van der Broeck, Simoens P.: Neurons expressing serotonin-1B receptor in the basolateral nuclear group of the amygdala in normally behaving and aggressive dogs. Brain Research 1136, 102–109. 2007

22) Landsberg, G. & J.A. Aranyo: Behavior problems in geriatric pets. Vet. Clinics – Small Animal Practice 35,675–698.2005

23) Liesberg, J. & C. Snowdon: Scent-marking in domestic dogs. Anim.Behav. 81, 757–764.2011

24) Möbius, G.: Die Kastration beim Hund – Indikationen unter dem Blickwinkel des Tierschutzgesetzes. Kleintier konkret, 1–6. 2009

25) Nelson, R.J.: An Introduction to behavioral endocrinology. New York, Sinauer Assiociates, 2005

26) Niepel, G.: Kastration beim Hund. Kosmos, Stuttgart 2007

27)Okkens, A.C., H.S.Koolstra, R.F.Nickel: Comparison of long-term effects of ovariectomy versus ovariohysterectomy in bitches.J Reprod Fertil Suppl. 51:227–31.1997

28) Okkens AC., Kooistra HS & Nickel RF: Vergleich der Langzeiteffekte der Ovarektomie mit denen der Ovariohysterektomie bei Hündinen. Praktischer Tierarzt 84, 98–101.2003

29) Olsen, U.: Zusammenhänge zwischen Hundeverhalten und unterschiedlicher Einschränkung des Hundes durch die Leine. VetMed. Diss FU Berlin 2008

30) Perez-Guisado, J. and A.Munoz-Serrano: Factors linked to dominance aggression in dogs. J.Anim.Vet.Adv.8, 336–342.2009

31) Reichler, I.:Auswirkungen der Kastration auf den Stoffwechsel, den Bewegungsapparat und die Tumorgenese. 55.Jahrestag DGK-DVG, Berlin 2009

32) Schrader, D. et al.: Die Kastration der Hündin. Http:\\www.hamburger-fortbildungstage.de/2007/kastration.html (Aufruf vom 21.06.2011)

33) Schradin, C.: Die Biologie des Vaters. Filander, Fürth 2007

34) Serpell, J. (ed): The Domestic Dog. Cambridge,UP,1995

35) Stocklin-Gautschi, N.M., et al: The relationship of urinary incontinence to early spaying in bitches.J Reprod Fertil Suppl. 57:233–6. 2001

36) Wieloch, E.: Untersuchungen zur Rangordnungsbildung und Stabilisierung bei Rothund (Cuon alpinus) im zoologischen Garten Schwerin. Diplom Arbeit Biologie. Köln 2007

Danksagungen
Die Autoren
Stichwortverzeichnis

Danksagungen

Weil das mein erstes Buch ist und es ohne die Hilfe und Geduld vieler lieber Menschen nie entstanden wäre, möchte ich mich auf diesem Wege bei allen Beteiligten bedanken.
Ich beginne chronologisch und fange mit Hans Mosser an, dem Chefredakteur des Hundemagazins WUFF, der als erster an mich geglaubt und meine Artikel veröffentlicht hat. Titel wie »Der Canis etepetetus« haben ihn zum Glück damals trotz der Berge von Texten, die er ständig bekommt, neugierig werden lassen und zum Lesen verführt. Daraus ist inzwischen eine lange Zusammenarbeit geworden, die mir sehr viel Spaß macht, danke Hans!
In diesem Zusammenhang muss ich wohl auch meinem Rheumaschub danken, der mich zur Untätigkeit verdammte und mich dadurch überhaupt erst auf die Idee brachte, mich am Schreiben zu versuchen. Dagi, Du hattest Recht, auch wenn ich das damals nicht glauben wollte: »Alles hat auch etwas Positives, manchmal dauert es nur, bis man das merkt.« Aber, um das Rheuma nicht positiv zu bestärken oder gar mit rosafarbenen Wattebäuschchen zu bewerfen, das reicht! Ab jetzt wird an dieser Baustelle mit klaren Abbruchsignalen gearbeitet.
Nicht sicher bin ich mir, ob an dieser Stelle meine Monster-Meute erwähnt werden sollte, die sich ständig etwas einfallen lässt, um mich vor neue Herausforderungen zu stellen, die mich aber dadurch auch gezwungen hat, mich näher mit dem Verhalten von Hunden und der zugrunde liegenden Verhaltensbiologie auseinanderzusetzen, die mich gelehrt hat, dass man manche Dinge einfach akzeptieren und das beste daraus machen muss, und dass auch Macken durchaus positiv sein können – es kommt nur auf den Standpunkt des Betrachters an. Mit diesen Vieren habe ich garantiert immer etwas zu lachen, und auch zu schreiben, auch wenn einem in den jeweiligen Situationen manchmal das Lachen im Halse stecken bleibt. Aber wer will schon einen perfekten Hund? Ist ja langweilig ...
Danke an meinen Jan, der inzwischen zum Spezialisten für Regelkreise und Heizungen mutiert ist, den Testosteron-Regelkreis mittlerweile jederzeit im Schlaf herunterbeten und GnRH-Moleküle malen kann, und sicherlich bald Vorträge zu Regelkreisen bei der Innung für Heizung und Sanitär halten darf.
Ein Dankeschön auch an Andrea Rodewald, die für die schönen anatomischen Zeichnungen verantwortlich ist.
Udo, Danke für Vieles! Du hast schon vor Jahren auf einem Seminar meinen damals unerschütterlichen Glauben an die Kastration als «Allheilmittel für fast alles» erst ins Wanken und dann zum Einstürzen gebracht. Zum Glück! Dass daraus mal ein Buch von uns beiden entstehen würde, hat wohl keiner von uns geglaubt. Dafür hast Du immer an mich geglaubt, und meine Launen auch hingenommen, als die schlechten mit dem Näherrücken des Abgabetermins für dieses Buch überhand nahmen. Ich hoffe, dass wir noch viele Jahre sowohl als Autorenteam als auch als Referenten und natürlich bei den Einzelfellen so erfolgreich zusammenarbeiten werden, also auf zu neuen Projekten!

Sophie Strodtbeck

Ich danke zunächst all den Hundetrainerinnen Hundetrainern und anderen Hundeprofis, die in Zusammenarbeit mit mir die Verbindung aus Theorie und Praxis bewerkstelligt haben, allen voran Thomas Baumann, Günther Bloch, Angelika Lanzerath, Perdita Lübbe und Sabine Padberg. Vielen Dank auch an meine Koautorin für die gemeinsame Arbeit, und vor allem an meine Familie, ohne deren Toleranz die vielen Vortrags- und sonstigen hundlichen Reisen nicht möglich wären ...

Udo Gansloßer

Die Autoren

Sophie Strodtbeck, geboren 1975, Studium der Tiermedizin an der LMU München. Berufserfahrung sammelte sie in verschiedenen Praxen, in denen sie von der Maus bis zur Kuh alle möglichen und unmöglichen Tierarten behandelt hat. Inzwischen liegen ihre Schwerpunkte in Beratungen zu Verhaltensfragen. Außerdem hält sie selbst Seminare und Vorträge und schreibt als Autorin regelmäßig sowohl humoristische, als auch kynologische Artikel für diverse Hundezeitschriften.

2001 ist eine türkische Mülltonnenhündin, ein Prachtexemplar des Canis autisticus, zu ihr gestoßen. Die Probleme mit ihr zwangen sie, sich intensiv mit dem Verhalten der Hunde auseinanderzusetzen – ein Thema, das sie seither fesselt, und zu dem sie zahlreiche Seminare und Fortbildungen besucht hat. Inzwischen gehören zu ihrer Meute auch zwei Beagles, die Frauchen auf Trab halten und beschäftigt werden wollen. Der Ausgleich dazu ist ein Chihuahua-Mix, der geboren wurde, um es recht zu machen. Immer wieder finden auch Notfälle und Wildtiere bei ihr Unterschlupf.

2010 wurde gemeinsam mit Udo Gansloßer die Idee geboren, Hundehaltern in Kooperation mit den behandelnden Tierärzten und Hundeschulen in Verhaltensfragen beratend zur Seite zu stehen, da beide der Meinung sind, dass die Kombination von Verhaltensbiologie und Tiermedizin unschlagbar ist.

Udo Gansloßer, geboren 1956, ist Privatdozent für Zoologie an der Universität Greifswald. Seine wissenschaftliche Tätigkeit begann mit der Beschäftigung mit Baumkängurus, möglicherweise, weil deren recht unbeholfene Kletterversuche ihn an seine eigene sportliche Begabung erinnerten. Nach der Dissertation in Heidelberg kehrte er zum Bodenleben zurück und beschäftigte sich mit dem Sozialverhalten der Kängurus allgemein. Am Zoologischen Institut Erlangen erhielt er 1991 die Lehrbefugnis. Seither hat er seine fachlichen Interessen auf andere Großsäuger ausgedehnt. Seine Arbeitsgruppe beschäftigt sich mit sozialen Mechanismen im Zusammenhang von Naturschutz und Zuchtmanagement. Er ist Mitglied einiger Gremien der Europäischen Zoo Assoziation EAZA und führt regelmäßig Kurse in Verhaltensbiologie und Tiergartenbiologie durch. Derzeit übt er neben diversen Unterrichts- und Seminartätigkeiten, Beratungen für Zoos und Tierparks aus und ist Autor und Übersetzer von zoologischen Schriften. Seit Wintersemester 2006/2007 ist er Privatdozent für Zoologie am Zoologischen Institut und Museum der Universität Greifswald und seit Sommersemester 2007 auch Lehrbeauftragter am Phylogenetischen Museum und Institut für Spezielle Zoologie der Universität Jena. Seit mehreren Jahren betreut er zunehmend mehr Forschungsprojekte über Hunde, seien es Haus- oder Wildhundeartige. Dabei geht es vor allem um Fragen von Sozialbeziehungen und sozialen Mechanismen.

Das verhaltensmedizinische Beratungsangebot »Einzelfelle« verfolgt einen neuen Ansatz der Zusammenschau verhaltensbiologischer und tiermedizinischer Befunde und Lösungsmöglichkeiten. Im Zentrum der Beratung steht das individuelle Tier, z B der Hund, mit seinen konkreten Problemen und den auftretenden Schwierigkeiten. Ziel des Ansatzes ist es, ausgehend vom Standpunkt und von der Biologie des Hundes Probleme zu erkennen und Rundumlösungsansätze zu finden, unter Berücksichtigung von Persönlichkeit, Haltungssituation und gesundheitlichen Aspekten. Im Gegensatz zur klassischen Verhaltenstherapie soll also nicht nur ein Problem beseitigt sondern der Prozess der Problementstehung verstanden und biologisch beeinflusst und ggf revidiert werden.

Gerade im Bereich der Kastrationsberatung bedeutet dies, dass individuell für den jeweiligen Hund, unter Berücksichtigung seiner Persönlichkeit und seiner Eigenschaften und Verhaltensleistungen eine Abschätzung der wahrscheinlichen Folgen einer Kastration erfolgt und dann eine Empfehlung ausgesprochen wird.

Näheres unter: www.einzelfelle.de

Sophie Strodtbeck

Udo Gansloßer

Stichwortverzeichnis